让现在所有的痛 在未来 都能笑着说出来

林丽明◎编著

中国纺织出版社

内 容 提 要

每个人都有梦想和希冀，而造就未来不同人生之路的是我们现在的选择。让未来的你，感谢现在不逃避、不将就的自己，这是我们为未来所作的最好的努力。

本书将心理学、交际学、行为学和成功学等多种理论知识与生动的案例解析相结合，帮助大家正确认识自己和眼前的生活，创造美好的未来。

图书在版编目（CIP）数据

让现在所有的痛，在未来都能笑着说出来 / 林丽明编著. —北京：中国纺织出版社，2017. 7 （2024.1重印）
ISBN 978-7-5180-3451-2

Ⅰ.①让… Ⅱ.①林… Ⅲ.①人生纳学—通俗读物 Ⅳ.①B821-49

中国版本图书馆CIP数据核字（2017）第064621号

策划编辑：闫 星　　特约编辑：王佳新　　责任印制：储志伟

中国纺织出版社出版发行
地址：北京市朝阳区百子湾东里A407号楼　邮政编码：100124
销售电话：010－67004422　传真：010－87155801
http：//www.c-textilep.com
E-mail：faxing@c-textilep.com
中国纺织出版社天猫旗舰店
官方微博http：//weibo.com/2119887771
北京兰星球彩色印刷有限公司　各地新华书店经销
2017年7月第1版　2024年1月第5次印刷
开本：710×1000　1/16　印张：14.5
字数：184千字　定价：49.80元

自 序

preface

每一个生命都可以绽放精彩，每一个人都可以活出未来，每一段人生都由你自己打造。你就是光，你就是爱，你就是独一无二的存在。

我出生于福建农村，从小是个孤寂的孩子，生长在贫富差距极其巨大的海边农村，孩童时期的我在条件极其恶劣的环境中度过。2003年以前的我孤僻、自卑、内向、迷茫，因家境贫寒受尽他人歧视，直到2003年到了南昌上大学，一个人来到一个完全陌生的城市，在一个新的环境，我开始了我崭新的人生规划。

大学期间，我的学费和生活费全是靠家里四处借债才勉强交上的，每个月平均生活费在200元左右，那时的我全身心投入学习，别人游玩我学习，别人恋爱我学习，别人睡觉我学习，我深深地知道，对于一无所有的我来说，要改变命运必须先让自己的大脑变得强大，而学习是我唯一的出路，学习可以使我成长，而后才能变得强大。

大学毕业后，我顺利地进入了一家世界500强企业，从储备干部开始生根，快速成长为设计师、培训讲师、主管，负责该集团公司中国区的工程师及主管的培训工作，从全国各高校进行人才招募及建立在校培训班，在企业内部成立并打造在职培训班，与政府单位合作推进人才孵化项目，培养了上万名学员。

2012年，我辞职离开了该集团公司，开启了沉淀9年、规划3年的创业之路，与国内领先的企业管理培训及咨询公司合作。第一年血本无归，员工全部离去，留给我的是无尽的悲伤和一屁股的高额外债。所有人都劝我回去上班工作，只有我自己深深地知道，我要什么样的未来，我要变成什么样的人，于是我选择继续奋战，对，奋战到底！哪怕全世界只剩下我一人，我依然会坚持奋斗下去，我内心无数次地告诉自己“林丽明，你不能倒下；林丽明，你不能屈服于现实；林丽明，你一定行！”皇天不负有心人，我开始没日没夜地工作，晚上思考人生，白天拼尽全力地去努力，在因支付不起工资而雇不起一名员工的情况下，我一个人把公司重新做了起来，从逐渐开始盈利到了后来的业务不断，说来轻松，但这其中的苦与痛，只有

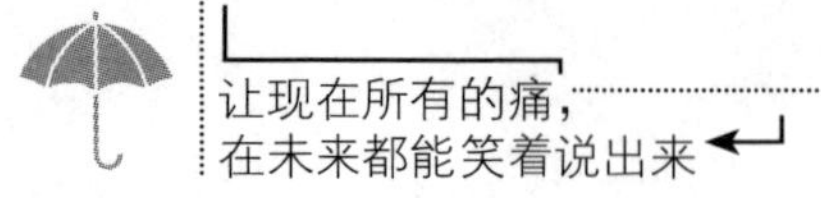

自己才能深刻体会。

2014年底，我开始切入实体行业，筹备了将近一年的时间，于2015年8月创立了苏州云间优美贸易有限公司，创办了两个自主品牌，开始实体行业的实践，创造了1年时间从0到亿级的成绩。正所谓“讲自己所做，做自己所讲”，在创业的路上，我始终践行着、创造着。

创业是一条不归路，很艰辛，但充满乐趣。人存活于天地之间理应有点惊人之举，我奉行的价值是：人生就是一个奋斗的过程，有志向、有梦想就应忠贞不渝地去奉行和追求，矢志不渝地去实现，生命的舞台由自己铸就，未来由自己打造。

不管你是在创业，或是在上班，还是从事其他行业，过程中一定会有苦有痛，我们该以怎样的心态去应对这些苦痛？该用怎样的认知去看待人事物？希望本书能对你有所帮助。

书中并没有关于我的实际案例，但却是我三十年来一路经历的深刻感悟；你可能看它似心灵鸡汤，但它更是一个年轻人经历九九八十一难的风霜雨雪后的总结感悟。一些比较要好的朋友曾跟我提起“明哥你的经历太励志了，以后一定要出本书，把你的故事和经历全写出来”，本来我也没打算出此书，更不想在现阶段把自己的故事写出来，因为目前的我距离心中所想要达成的高度还有十万八千里。思索了很长一段时间，最终还是决定先出些内容，希望可以尽早地去影响身边的一些还在为苦难中挣扎的朋友，他们的条件其实并没有想象的那般糟糕，只是他们习惯了自我设限，习惯了消极抱怨，我希望书中的文字能帮助到他们一点点，也希望可以影响到其他一些还不曾认识的读者朋友们。人之所以痛苦，是因为还不够痛苦，经历得太少，遇事便浮躁不堪。克服困难的最佳途径就是勇于直视困难、正视痛苦。

在此特别感谢我的家人、我的母亲、我的太太一路的默默支持，感谢我的投资人郑清山先生在我创业初期对我的投资与支持，感谢我的小兄弟张春来先生在我最难熬的时期与我共患难，还要特别感谢我生命中的贵人和导师们，感谢我所有的客户对我的肯定与支持，感谢我公司所有的小伙伴们，感谢在背后默默支持我的所有人，谢谢你们！太多感谢无法言语，我将其化为力量，继续创造奇迹，Keep moving ...

困难无处不在，挑战无比精彩。

让现在所有的痛，在未来都能笑着说出来。

只要心中抱有希望，世界永远春暖花开。

林丽明　2017年4月19日　苏州

目 录

contents

第01章 心中有方向，青春才能不迷茫

刚踏入社会的年轻人，要想快点在这个充满诱惑与竞争的社会中找到自己的一席之地，而不被它淘汰，首先就得找准自己的定位，确定奋斗的方向。这一点十分重要，没有目标的人就像一只无头苍蝇，虽然拼尽全力，但依旧是茫然的、没有头绪的。其次你要为实现你的目标，制订一个完美的计划。人只有脚踏实地，一步一个脚印，才能最终实现自己的目标。

方向比起点更重要

一个对人生不抱希望，生活没有努力方向的人，永远只能待在自己那一米见方的世界里。就算你努力了，但是因为没有方向，最终也只能是徒劳。可见确定方向对一个人是多么重要。只有选择正确的方向，人生才会充满希望和动力，你的努力才会起到立竿见影的效果。

有很多人，一辈子忙忙碌碌，不比别人清闲多少，却总是离成功很远，一个很重要的原因就是因为没有方向。当一个人没有明确的方向，很多努力都只能是白费。人的精力是有限的，如果一直把自己有限的精力放在无关紧要的事情上，不只会浪费你的时间，还会在日积月累中慢慢消耗你的斗志。这样的人往往只会对别人的成功感到羡慕，却无法看见自己失败的原因。

一年一度的森林大会正如火如荼地举办着，今天是大会的第三天，森林之王老虎把所有的动物召集到自己的洞前，对它们说：“各位大臣们，我决定选一个助手协助我管理森林里的秩序，请大家踊跃报名，我将选出最优秀的大臣担此重任。”

经过一番激烈的角逐，聪明的猴子、老实的山羊和勇猛的狮子进入了最后一轮。最后一轮的任务是去森林的最北边找一种治疗伤口的草药。谁先回来，谁当选。

跑得最快的狮子听到任务后，很是不屑，自己跑得最快，只要一直往前跑，肯定能最快找到草药，于是率先出发了。但是令它万万没想到的是，它不仅没找到草药，反而越跑越远，最后迷路了。

聪明的猴子也准备出发了，它先是爬上树枝向远方眺望了一会儿，然后找了个自认为是北面的方向，一会儿上树、一会儿奔跑，开心地跑远了。可是天

都黑了，猴子也没找到草药，而且又累又渴，只好停下来休息。

最不被看好的山羊并没有像它们那样赶路，白天的时候走得很慢，而且每走一段路就会留下一个记号。到了晚上，山羊顺利找到了北极星，沿着北极星的方向，天还没亮就找到了草药，然后沿着自己做的记号，第一个回到了大家身边，成功当上了老虎的助手。

其实在这场比赛里，山羊比狮子和猴子都跑得慢，是最不占优势的，却赢得了最后的胜利，它成功的主要秘诀就是它找准了方向。可见选对方向对成功很重要。

大多数人都只着眼于眼前的利益，考虑问题时目光短浅，明知道努力的方向不对，却还是一根筋地往前冲，不只浪费了自己的时间和资源，还吃力不讨好，永远被成功拒之门外。成功的人之所以会成功，是因为他们都有一个共性，那就是有明确的目标和持之以恒的动力。他们无论做什么事情都是先明确目标之后再行动，所以做起事来有条不紊、稳步向前。

不清楚自己的方向，而只是一味地向前冲，是不会有结果的。很多人占据着很好的资源，却在大好的年华里因为没有方向而碌碌无为度过了一生，这是让人十分惋惜的事情。永远要记得，没有方向，努力就会白费，方向比努力更重要。

人生点睛

只有明确自己的目标，奋斗的时候才会有动力，生活也会充满希望。方向既是努力的开始，也是一件事能否成功的保证。在做一件事之前，先确定方向，再不断努力，就会离成功越来越近。

没有计划的人生就像一盘散沙

被誉为20世纪最伟大的心灵导师和成功学大师的戴尔·卡耐基曾说过：一个人不论赋有什么样的才能，他如果不知道自己有这种才能，并且不形成适合

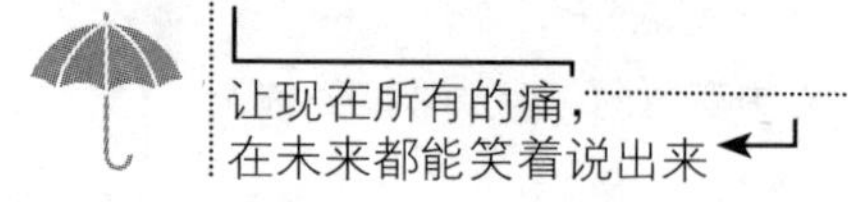

于自己才能的计划，这种才能对他便完全无用。由此可见计划的重要性，没有好的计划，即使有再大的天赋也只是枉然。

设想一下，你现在手里有一张足够大的白纸，如果让你把它折叠51次，你预想中的高度是多少？一个成年男子，一层楼，一栋大厦那么高？不，差太多了，它的高度已经远远超过地球与太阳的距离了。

折叠51次的白纸高度让人咋舌，那么如果仅仅是将51张纸叠加呢？

这个对比让不少人感到震惊，因为没有计划的人生就像简单地将51张白纸叠在一起。今天做做这个、明天做做那个，每天做的工作并没有连续性。这样即使你每天的工作都完成得十分出色，它对你的整个工作也只不过是简单的叠加而已。

小胡和小易是大学同学，大四这年俩人到同一家保险公司实习。经理给两人安排了同样的任务——一个月内搞定保险公司附近的小学的五个老师的保单。

初入职场的小易信心十足，觉得这根本不是什么难事，第一天上班便起了个大早去学校门口蹲守，只要见到有老师经过便上前推销。小胡则跟他相反，不疾不徐，第一天在宿舍写写画画待了一天也没出去。第二天他也是不紧不慢，到了学校之后也没急着去找老师推销，而是和校门口守门的大爷聊起了天，这下不只小易，就连其他人也感到不解了，不过小胡并不急着解释，依旧按部就班地每天去和大爷聊天。

小易依旧每天早起蹲守，热情推销，但是效果并不是很理想，甚至有的时候因为不知道有的老师急着去上课，而引起了不少人的反感，所以一个月结束，人累得不行却只拿到了两份保单。反观小胡，因为计划周密，先和守门的大爷熟识，摸清了老师的上课时间和部分老师家里的情况，便根据每个老师不同的时间和需求入手，很轻松地便在月底之前拿到了8份保单，超额完成了任务，而且还收获了一大批的长期客户。

其实小胡的成功正是取决于他提前制订了详细的计划，而小易虽然可能付出得甚至比小胡还多，但是因为事先没有计划，不够了解学校的具体情况，所以只能是事倍功半了。

计划可以让我们把握全局，掌控事件的整体进度，提前找出难点。有调查数据表明，制订计划提升成功率，比未定计划者高出35倍。

**人生点睛**

美国行为科学家艾得·布利斯提出的“布利斯定律”说：花费较多时间为一次重要的工作做一个事前计划，那么做这项工作所用的总时间就会减少。做事有计划有安排，不仅可以提高工作效率，而且事情成功的概率也更高。

不知道去哪儿，哪儿也去不了

西方有句谚语：如果你不知道去哪儿，那么你哪儿也去不了。一个没有方向的人，就像一张没有方向的帆，不管多努力都是逆风行驶，只会在原地绕圈甚至离目标越来越远。

美国的一家著名调查机构曾对一所大学的四十名毕业生做了一项长达二十年的跟踪调查。调查结果显示，毕业的时候，其中二十名有明确目标和奋斗方向的学生，在二十年后有十八人已经是百万富翁和各自行业的佼佼者，而那些没有目标、喜欢换工作、不知道该做些什么的学生，毕业二十年后，只有一个学生成为百万富翁。

造成这一惊人对比结果的原因只有一个，有的人从一开始就确定了自己的目标，并为之奋斗、努力，而有的人，因为不知道自己想要的，所以只能随波逐流、身不由己。不管做什么，一定要有目标，没有目标就没有动力，做事也会没有条理性，这样做事不仅会浪费时间、也没有效率，是没有任何意义的。而在人们的行动有了明确目标的时候，我们可以不断把自己的行动与目标加以对照，这样就会有明确的奋斗方向，并一直努力，只有这样才会自觉地克服一切困难，努力达到目标。

小烊、小凯和小源一起去沙漠旅游，途中突遇沙尘暴，三人瞬间迷失了方向，向导也和他们失去了联系，几分钟前还有说有笑的气氛一下子变得凝重起

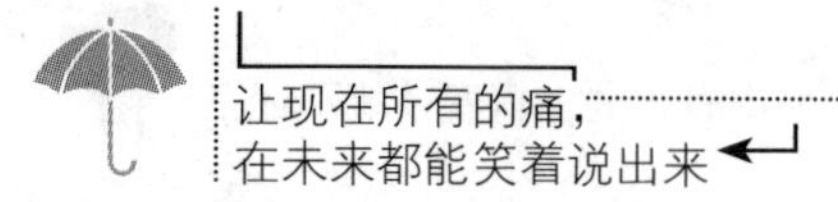

来。惊慌之后，三人迅速冷静下来思考自救的方法。小凯说："白天向导跟我说，如果在沙漠找不到路，一直沿着北方走就能走出去，但是现在根本辨别不清方向，所以我们必须等天黑了，看到北极星确定了方向才能行动。"

"那怎么行，现在离天黑还有很长时间，如果我们不抓紧时间往前走，在这里万一再碰到什么危险的事，我们就彻底完了。"小烊不赞同小凯的方法。

"但是你想过没有，在沙漠里没有方向，直接往前冲，只会离营地越来越远。"小凯坚持自己的想法。

"那好，你在这等，我自己先走。小源，你跟谁走？"小烊固执己见。

"我相信小凯的方向论，没有方向我们肯定走不出去的，小烊，你就跟我们一起吧！"小源也开始劝小烊。

但是没用，小烊依旧固执已见，一个人出发了。到了晚上，小凯和小源借助北极星，顺利找到了方向，一路沿着北方，坚持不懈地走了一天两夜，终于走出沙漠到了营地。但是他们回去之后却没有看见小烊，两人赶紧叫上其他人一起出发寻找，但是已经晚了，小烊因为没有方向，加上水也用完，等他们找到的时候，他已经奄奄一息了。

小烊的悲剧再次验证了方向的重要性。飞机有飞行的目标，航船有要到达的彼岸，大雁也有自己要栖息的南方，如果大家都能弄清自己的方向，并牢牢把握，那么飞机和航船就能顺利将旅客带到目的地，大雁也能平安到达南方，度过寒冷的冬天。人也是一样，如果能确定一个目标，并持之以恒地坚持下去，也会有所作为。反之，如果大家都没有方向或在中途迷失了方向，那么飞机和航船就再也回不了家，大雁也会因为北方的冬天太寒冷而被冻死在路上。人呢，则会一辈子碌碌无为、白白浪费了自己的生命。

可爱的读者，趁现在还不晚，确定你的方向，然后朝着方向努力前进，一步一个脚印向着成功迈进吧！

人生点睛

人生就是一条向前航行的小船，每个人都是船长，是自己人生的主人翁。趁着年轻，找准前进的方向，并为之努力奋斗。不要把时间浪费在没有意义的

事情上，否则你的一辈子都会与梦想背道而驰，变得没有意义。

做事有主见，未来不迷茫

人作为社会群居动物，都是生活在一定的群体当中。既然是生活在群体中，就难免会被周围人的观点和思想影响。很多时候，他人的意见和想法会对自己的思想产生启示作用，但不可否认，有些时候他人的意见和想法也会动摇自己的意志和抱负，这时候拥有自己的主见就显得十分重要了。

拥有主见其实就是分析和判断形势，它可以让我们在面对选择时排除许多迷茫和困惑，变被动为主动。但主见不是天生就有的，而是需要在平日里积累，在关键时实践。

小白、阿桑还有老李是大学同学，三人毕业后一直在一家IT公司做程序员，现在已经是第五个年头了。三人私下经常聚在一起吃饭、聊天。三人都对自己从毕业到现在毫无改变的现状十分不满，时间一久，老李甚至生出了辞职的念头。对于这个冒险的决定，阿桑和小白观点不一，小白认为只要自己一直兢兢业业坚持下去，一定会有出头的一天，阿桑则觉得怎样都行，要是都辞职他就辞职。

一个月后，老李带着对旧公司的不满毅然辞职跳槽到另一家公司，但是因为之前的工作一直应付差事，自己并没有什么真才实学，最终也只能从头开始。阿桑在不久之后也跟着他辞职换了行，收入还没之前高。只有小白一直坚持自己的想法，继续勤勤恳恳地做着自己的工作，最后在年底的年会上由程序员直接升为主管。

三人同时遇到“瓶颈”期，因为选择不同，结果也截然不同。阿桑是三人中最没有主见的，典型的随波逐流的性格，总是跟在别人后面，很难有自己的成就。老李虽然有自己的想法，但是性格的冲动，做事情也不会认真分析，所以会吃亏。而小白则和他们恰恰相反，虽然也对工作现状不满，但并没有被别人牵着鼻子走，而是坚持自己的想法，努力做到最好，最后也得到了自己想要的人生。

人在做事时，有主见才有自我，没有主见的人在做事时就像浮萍，没有自己的想法，也就无法决定事情的走向了。不过有主见并不是指我行我素，只做自己的，这是一种极端自负和自我封闭的做法，是不对的。所谓有主见是指在遇到事情时，有自己的想法，可以运用自己的人生积累和周围人的积极建议，做出正确明智的选择。

虽然我们过着群体生活，但我们又都是有着鲜明个性的独立个体，许多事情还是需要自己做决定。太依赖或依附别人不但不能给自己的生活做主，还容易引起别人的反感。一个人要想成功，首先就得做到思想独立，能在关键时刻拿定主意、稳定军心，否则只能与成功擦肩而过了。

人生点睛

所谓有主见，并不是指固执己见，一条道走到黑，而是在重要的事情上面，有自己的观点、自己的看法，自己的人生自己做主，而不是人云亦云，跟着别人走。

不要让别人左右你的人生

人最大的弱点就是太在意别人对自己的看法，以致做事情考虑太多，反而将本来简简单单就能解决的问题复杂化了。一个要想做自己的主人，不让别人左右自己的人生，就必须坚持走自己的路，做自己的事，活出自己的精彩。

虽然常听人说：“走自己的路，让别人说去吧！”但是真的能做到完全不顾虑外人看法的人却少之又少。大多数人都会随着别人的看法而或喜或悲，更何况这世上从来就不缺少那些站在道德的制高点，对别人的生活指指点点的人。所以即使遇到了，也不必真的生气，因为你的愤怒只会让他们更加开心、更加得意而已。

杨玺大学毕业后，应聘到一家公司实习，没想到，上班第一天他就遇到了

一个让自己很尴尬的事情。中午午休时间，他去公司楼下的餐厅吃饭，找座位的时候，正好坐到了副总的旁边。在一个桌上吃饭，就算不是副总，也该打个招呼，可是杨玺却开始犹豫了，本来和副总一桌大家就已经开始看着自己了，要是再凑上去说话，其他餐厅的同事肯定会觉得自己是个马屁精。就这样，杨玺犹犹豫豫，直到副总吃完饭也没跟他打招呼。

过了几天，杨玺的组长带着他还有同组的一个同事陪副总一起和客户谈业务，吃饭的时候，杨玺几次想和副总说话，好缓解上班第一天的尴尬。但是看到副总正在和客户说话，他想自己只是一个新员工，还是不要插话的好，万一说错了，岂不是更糟。所以直到饭局结束，杨玺都没说什么话，一直沉浸在自己的胡思乱想中。

饭后送走客户，组长也有事先走了，只有杨玺和另一个同事陪副总回公司。路上，杨玺先是觉得同事在和副总谈工作上的事情，自己插嘴不好，所以一直保持沉默。走到中间，杨玺听到副总咳嗽了两声，他很想过去问候几句，但是“谄媚”“献殷勤”这些思想马上又紧紧缠住了他，正在他犹豫不决的时候，另一个同事已经问出口了：“最近身体不好吗？”副总答道：“老毛病了，一喝酒就会这样，但是咱们工作就这样，没办法。”后来两人开始聊起家常，杨玺几次想参与到话题中去，但又觉得他们有交情，自己一个新来的，搞得自己像要巴结副总一样，所以一路沉默回到了公司。

一周后，副总召集大家开会，会中要他们说说对这次和客户合作的建议。杨玺想到自己是新人，说多错多，再加上前几次和副总尴尬的相处经历，杨玺变得更不知所措了，所以当副总问到自己有什么建议时，杨玺犹豫了半天，还是说没有任何建议。最后结果很明显，杨玺被副总踢出了这次项目。

这样的故事、这样的人其实在我们生活中并不少见，大多数人都觉得这是他们性格不够圆滑、内心想法过多造成的。但事实并非都是如此，杨玺的犹豫不决、心理波动，其实都是因为他的思想被别人有形的、无形的想法给左右了。比如同事的议论、与副总身份的差别，这些都导致了他的犹豫不决，所以最后做出来的反而不是自己真正所想的了。

我们在社会中生活，很难避免陷入议论的旋涡，因为我们总是太过在意别人的想法。大多数人依赖别人的意见，很重要的一个原因就是不够自信，内心不够强大，那么个人的情绪就会很容易随着别人的评价而波动，时间长了，就会失去自我。要想不被别人的想法左右，不活在别人的看法中，就必须有独立的人格，充实自己的内心，只有内心充实了、强大了，人才会变得有主见，活得更自信。

人生点睛

不管是谁，都没有办法陪我们走到最后，所以我们自己的人生还得自己做主。老是陷入别人的思维中，失去对自己人生的话语权，不仅会活得很被动，也会活得很累。

机会总是留给有准备的人

机会总是留给有准备的人，只要你提前把所有准备都做好，抓住每一次机会，就可以离成功越来越近。

有位哲人曾经说过："有事情发生，便有机会存在。"每一件事情的发生都可能潜藏着改变命运的机会，老实人在大事上孤注一掷，聪明人却不肯轻易放过任何一件小事。但事实上，要想比别人做得好，并能抓住每一次机会，最明智的做法其实是在每一件大小事上都下足功夫。

几个朋友约在一起吃饭，聊天时大家都在感慨生活不顺心，抱怨机会太少或太差。

这时李某讲了他自己的一个故事。

李某毕业之后很快就找到了一份工作，但是时间久了，李某渐渐对工作产生了倦怠。

当时，心情抑郁的李某为了缓解自己的这种消极情绪，让自己放松一下，便养成了每个周末都去钓鱼的习惯。刚开始的几周李某信心满满，每次都带着很大的鱼篓，期待能有大收获。可是去了几次以后，发现自己每次都只能钓到

几条小鱼，根本用不上这样大的鱼篓，便将鱼篓换成了小的。因为收获越来越少，到后来他每次只拎着一根钓鱼竿和少量鱼饵就出发了。

一天，李某的一个同事白某也和他一起去钓鱼，出发前，那人见他没有拿鱼篓，以为他忘了，便拿了一个鱼篓给他。

李某摇了摇头，说："不用了，我每次钓的鱼才两三条，就用手能拿得了。"

但是这天却出乎了他们的意料，他们遇到了大量的鱼群，很快就钓上了许多鱼。李某看着同事装了一大筐鱼，自己却只能用柳条绑住几条，不得已放弃好多已经上岸的鱼，感到懊恼不已。

当在座的人听完李某的故事，什么感想也没有，反而扯开话题嘲笑李某都毕业几年了还想着浪费时间考研究生。

几年之后大家再次聚会，有的人还在苦撑着生意，有的人继续在自己不喜欢的工作环境中勉强度日。至于当时被大家嘲笑的李某，已经读完博士，现在是好多公司争抢的人才。

直到这时，大家才发现，李某说的那个"鱼篓"故事的含义。

机会只留给有准备的人，所以当我们抱怨自己运气不佳、机会不够时，应该时刻看看自己的"鱼篓"准备得是不是够大，是不是能够装得下你想要的。有时也许不是没有机会，而是机会来了，却没有做好准备。

中国有句古话：台上一分钟，台下十年功。我们常常羡慕别人机会好，羡慕命运对他们的偏爱，羡慕他们的成功，却不知道在成功和荣耀背后，他们付出了常人无法想象的汗水。现实生活中，有些人总是坐着等机会，躺着喊机会，睡着梦机会，做"守株待兔"的人，但机会总是偏爱有准备的人，能否抓住机会获得成功，关键还是看你是否有充分的准备。那么，朋友，你是否做好准备了呢?

人生点睛

机会总是留给有准备的人，做任何事，都提前做好准备，这样机会来了也不怕接不住。不做准备，指望天上掉馅饼的人，是不会有好结果的。

不是没有机会，而是没有抓住机会

生活中，总能听到有人抱怨老天不公的声音，抱怨上天没有赋予自己良好的机遇。其实不然上帝对待每个人都是公平的，所以给予大家机遇的机会其实是同等的。也许这个机遇并不是那么地明显，也可能是在你没有预料的情况下出现，这种时候，能不能取得成功，就看你是不是能抓住机遇了。

机会犹如白驹过隙，稍纵即逝。只有拥有一双慧眼，抛开内心的优柔寡断，才能抓得住它。常有人说："抓住机会，见机而动"，这其实并不难理解，但许多人却遗憾地没有抓住属于自己的机会，最终失去了获得成功的资格。其原因有两点：一是不懂得识机；二是不懂得择机。

在一次洪水来临的时候，有个人被困在了二楼的阳台上。当洪水上涨到与二楼的墙壁同高时，他虔诚地向上帝祈祷，希望上帝来救他。"上帝一定会来救我的。"他在心里对自己说。这时，一艘船正好划了过来，船主看到他被困，让他赶紧游到船上来，带他走。"您先走吧，别担心我，上帝会来救我的。"船主虽然不解，但因为船上还有其他人，不敢再耽搁，往前划走了。

洪水还在继续上涨，很快就已经淹过他的膝盖了，这时，离他被困的不远的地方，又来了一艘小船，船上的救生员大声呼叫他快点游过去，但是他仍然回答说："上帝会来救我的。"并祷告得更加虔诚了。就在洪水快淹到他下巴的时候，第三艘小船来了，而且划到了他可以直接上船的地方，但是这个人仍旧大叫着说："不用管我，上帝会来救我的！"结果第三艘船还没划出多远，洪水就把他的头淹没了。

当这个人进入天堂之后，他立刻要求见上帝。他很认真地问道："上帝，我是如此虔诚地向你祈祷，为什么你不救我？"上帝有点惊讶，很纳闷地说："我派了三艘船去救你，但是你都不上去，我以为你想来的是这儿呢，难道不是吗？"

要知道每一个机会的到来都是不会提前跟你打招呼的，它总是悄悄地来，然后试图让你去发现它、抓住它，如果你是有心人，拥有一双慧眼，就会理智

地抓牢它；如果你认识不清、把握不准，那么即使机会就在你面前，也会与你擦肩而过。就像故事中的这个人一样，对机遇抱着守株待兔的态度，要是等不到便开始怨天尤人，感叹命运对自己的不公。

其实，机会对每个人都是公平的，关键看你有没有捕捉机会的敏锐性，如果没有，即使苹果接连不断地往下掉，你也只能看出表象，看不出万有引力的本质。要想练就这种敏锐性，我们必须学会见机而动，还必须学会善择良机。但是良机不会就这么赤裸裸地摆在每个人的面前，它常常隐藏在复杂的表象后面，所以我们必须养成审时度势的习惯，随时把握客观形势的变化与各方力量对比的变化，透过现象看其本质，这样方能抓住机会，成就大业。

人生点睛

很多时候，我们不能成功并不是没有机会，而是我们没有抓住机会。其实上帝给每个人的机会都是均等的，关键还是要看自己是否努力，是否在认真奋斗，否则机会来了，也抓不住，只能望洋兴叹、独自懊恼。

你知道自己想去哪里，世界都会为你让路

在人生的道路上找准目标、确定人生方向，是每个人走向成功必须要做的事。所谓目标，它可以是你这一阶段的努力方向，也可以是你整个职业规划的最终目的。只要有了明确的目标，知道自己想要的是什么，那么你的前景也会一片广阔。

很多人都期待走上社会经济的舞台，并成长为影响一方的主角。但大多数人最后只能庸庸碌碌过一生，为什么？就是因为他们没有长远的目标，整日浑浑噩噩，不知道努力是为了什么，常此以往，不但丧失前进的动力，人也会变得一蹶不振。

魏某上学时成绩优秀，一直是老师、家长眼中考名牌大学的好苗子。魏某18岁那年如愿考上了北方的一所大学，毕业后顺利到一家小有名气的杂志社

应聘成了记者，但是工作后的魏某并没有像大家所想的那样顺风顺水。原来因为家人、老师的期盼，读好大学、找好工作一直是魏某前进的目标，可是参加工作后，魏某忽然失去了努力的方向，工作也一直不温不火，很快便失去了动力，整日浑浑噩噩，出版社里的老编辑见他没什么上进心也是颇有微词，经常在领导面前批评他。魏某觉得压力巨大，于是辞职了。

辞职后的魏某看见昔日的许多同窗因为做销售，现在混得还不错，便想到为什么不去试一试酒店管理的职业呢，既轻松，还可以管理别人。就这样他又花了一个月时间恶补了酒店管理的知识，但是因为缺乏实践经验，只能从最基层的服务员做起。做了不到两个月，魏某觉得没什么意思，再一次辞职了。

浑浑噩噩、没有目标的魏某，就这样，在毕业了很多年以后，依然只能混迹于普通公司的底层职位。

在我们的一生中，除了年幼无知的童年时期外，其他每个不同的成长发展阶段都与立志有很大的关系。上学的时候，魏某因为有父母的期待，所以上大学是目标，可是完成这些之后，他立刻就没动力了。其实很多年轻人都能从魏某的身上找到自己的影子，毕业之后，脱离学校与家长，自由了，也没有目标了。

大多数人觉得人生很迷茫，找不到方向，归根结底都是由于没有远大的志向和可以为之奋斗的目标。没有目标，就没有前进的方向，生活也就会像一盘散沙；没有远大的志向，人就会变得慵懒，而没有动力，只能听天由命，茫然叹息。想不让机会就这样溜走，青春不会就这样逝去，只有靠志向和理想冲出迷茫的旋涡，人生崭新的一页将会从此刻为你掀开。

人生点睛

目标有大有小，建议大家在确定目标时可以先确定一个大目标，比如职业理想、人生规划，然后将大目标细化，分成阶段性目标。这样就不会因为目标太过渺茫而心生放弃，而且一步一步朝着目标不断靠近，人也会充满成就感。

高瞻远瞩，做好人生规划

欲望也就是内心对某些事物的渴望，再具象一点就是我们想要的东西。人活一世，有欲望无可厚非，但生命如舟，只有欲望与能力保持平衡，小舟才能稳稳地前进。有时候，我们拥有的东西越多，我们的心就越乱越复杂，我们的负荷就越沉重，我们的烦恼也会越多。这些诱惑我们的事物太眼花缭乱，在无形中对我们造成了妨碍与损害。

明白自己真正想要的是什么，并为之而奋斗，如此才不枉费这仅有的一次人生。要想让我们的人生有所获得，就不能让诱惑自己的东西太多，不能让努力的方向过于分叉。而且必须有一个长远的目标，如果一个人鼠目寸光，其前途成就也就有限。高瞻远瞩的人，才能成就千秋事业。

狐狸、山羊还有长颈鹿是好朋友，因为原来住的那片森林被人为地烧毁了，它们只好离开了家园，不久之后它们逃到了一片大草原上。草原气候毕竟和森林还是有很大差别的，刚到这里不久，它们三个便接连生了病。

“狐狸兄啊，你说我们花那么大的力气有什么用，到头来还不是得死在这茫茫的大草原上。”长颈鹿躺在地上，伤感地说。

“是呀，我真怀念以前在森林里的日子，每天和老友们聊聊天，饿了就抓一只野鸡吃，光是想着都很美好！”狐狸接着感叹道。

“那已经是过去了，森林已经被烧没了，现在既然我们已经来了，就应该想想以后的路该怎么走，我们现在生的只是小病，并不碍事，所以鹿兄、狐狸兄，还是好好想想今后的路吧！”山羊很乐观，觉得能活下来，就有未来。

春天正是草木繁盛的时候，山羊听草原上的其他动物说，这里一到秋天，就光秃秃的什么都没有了，便催促着狐狸和长颈鹿赶紧为过冬做准备。狐狸觉得不管多冷也会有田鼠出来觅食，所以没把他的话放在心上，身体好了之后，每天过得十分逍遥。长颈鹿呢，则还沉浸在对以前生活的美好回忆中，连嚼着这里的树叶都能流出泪来，更别说考虑其他的了。

冬天到了，现实和狐狸想的完全不一样，因为有准备，没有一只田鼠出来

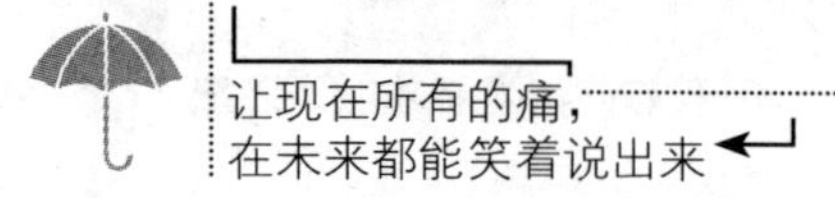

觅食，狐狸就这样活活饿死了。长颈鹿更可怜，没有食物饿得实在受不了的它出去觅食时，还在半路就被猎人捕杀了。只有山羊靠着自己准备好的食物，住在自己做的温暖的房子里，整个冬天都过得美美的。

其实长颈鹿、狐狸和山羊影射的正是这世界上最典型的三种人：第一种人——像长颈鹿一样，只会回忆过去，在回忆的过程中体验感伤；第二种人——像狐狸一样，永远活在自己的空想中，在空想的过程中不务实事，只有第三种人——像山羊一样，将现实与理想完美结合，高瞻远瞩，脚踏实地。只有将昨天、今天、明天的事情都打理妥当，才能走好生活之路。最好的生涯规划是把自己规划成自觉自度，利他的人生；在生活中，要有净化的感情，要有善用的金钱，要有德化的处世。

有些人做事只图眼前利益，而不会为长远打算。眼前可以得到的利益总给人实实在在的感觉，短视的心理却常常使人们失去本来应该能够得到的美好事物。也许人们认为自己的行为更注重现实，而实际上是自己将未来的发展机遇白白浪费。沉湎过去和未来就会迷失现在的一切，包括自己本身。只有让你的生活持续发展，为今后的旅程做好充分的准备，才能走得更远。

人生点睛

现在的很多年轻人都讨厌刻板的人生，觉得把时间浪费在对未来的规划上是一件很不值的事情。这种对规划的理解本身就是错误的，规划人生其实是希望人能把眼光放得长远一点，不要只看眼前的利益，所以这种把规划理解为刻板、按计划过日子的观念其实本身就是一种目光短浅的表现。要知道唯有立足长远的人，才能突破人性的“瓶颈”，活出智慧，活出成就，活出荣光！

第02章 你现在的努力，是你将来笑傲的资本

为什么没人理解我？为什么大家看不到我的努力？为什么只有我看不到希望？这些问题，我想很多年轻人都曾在心里问过自己。年轻人，努力是我们的本分，现在还没有人看到，不被人理解，这都是正常的，因为除了自己在乎你的奋斗过程，关心你有多累的人少之又少，要想别人看重你，尊敬你，就必须拿出成绩。相信自己，只要坚持，你的努力一定会在未来开花。

真正的努力是不会白费的

很多时候，我们所做的、正在经历的在别人眼里可能都只是无用功，但是请不要放弃，要相信，终有一天，所有的努力都会开花。

有个男孩小时候一直对身边的植物特别感兴趣，常常在其他小孩子嬉闹玩耍的时候，一个人在一旁研究身边的野花野草，有时候入迷了，到了晚上该回家吃饭了，还在那一动不动。还小的时候，大家觉得他和其他调皮的孩子不一样，可以自己约束自己，不让父母操心，是个听话的孩子。到了上小学的时候，他回到爸爸妈妈身边上学，周围夸他的人没有了，反而说他傻、不爱学习的人越来越多，尤其是同龄的孩子，见他整天只和植物玩，一点也不合群，常常取笑他一身泥土味，摆脱不了农村的影子。但是小男孩并不在意，仍旧整天与他心爱的植物打交道，到小学毕业的时候，他已经能光凭图片说出8000多种植物的名字了，不仅如此，他还能准确说出许多植物的特点和分类。

时间一晃而过，转眼男孩高三了，不过就是如此紧张的时期，男孩仍不忘自己喜爱的植物。虽然不能再像之前那样，每天去野外，他就在花盆里种上植物摆在窗台上，时不时看看它们。

高考分数出来，虽然为了父母的期待，男孩选了热门的电子专业，不过他并没有放弃心爱的植物，而是利用课余时间选修了植物学。

功夫不负有心人，大四那年，植物学的一位老教授想带一位学生跟他一起做研究。教授除了点名三位专修植物学课业优秀的学生外还加上了这位男孩一起参加考核。原来，教授平时上课见他对植物如此喜欢，早就十分看好他了。最后果然不出所料，教授最后选了这位男孩一起研究。因为和教授的研究成果上了学校专栏，男孩开始被大家关注，学校也破格录取他这个非本专业的学生

留院当老师，他一下子成了所有毕业生羡慕的对象。

大家都羡慕成功的人，羡慕文中的小男孩、羡慕马云、羡慕俞敏洪……但是大家羡慕的其实都只是结果，很少能有人看到成功背后，他们付出的艰辛与泪水。就像小男孩直到成功之前，周围的人还是不会理解他为何对植物痴迷至此，甚至会觉得他很傻。

生活就是这样，人们宁愿去相信一夜成名一夜暴富的传奇，也不愿相信量变的积累会发生质变，所以很多时候，自己对梦想的较真与执着，别人是看不到的，这并不代表你的这些努力与执着是不值得的，也许这个过程中太过黑暗和漫长，慢到简直要溺口了都还无法确定值不值得，但你要相信，你的这些付出不会浪费，只要坚持，终有一天，这些努力会为自己带来最好的未来。

人生点睛

上天不会辜负每一朵努力盛开的花，也不会辜负正在努力的人。相信自己，就算现在的努力暂时看不到结果，也不要迷茫，坚持下去，总有一天会收获丰盛的果实。

你的认真，让整个世界如临大敌

人的一生总会遇到各种各样的困境或挫折，怎样跨过这些挫折走向成功，是我们每个人在成长路上不得不面临的问题。那么怎样做才是对自己好的呢？我想唯有认真，才是解决这个问题最基本的方法。

所谓认真，包括生活态度认真、工作认真、做事一丝不苟等，这些看似简单的事，却常被大多数自认为聪明的人忽略了，所以很多聪明的人也经常被困境和挫折打败。认真对待生活中的每一个人、每一件小事，并坚持下去，你的世界会发生很大的改变。

小肖大学毕业后，辗转反侧来到一家大报刊底下新创的经济报当采访记者。因为没有任何经验，小肖常常在采访的时候抓不住重点，自然得来的新闻也就没有任何价值，她也为此感到痛苦不堪。而当时他们最大的竞争对手《××经济报》是当地一家已经创刊十五年的老牌杂志社，有时被访问者只要三言两语，记者已经了然于心，写出来的新闻稿水平也很高。

面对这种困境，小肖想了一个当时大家都认为很笨的方法——每天认真阅读《××经济报》从第一个字到最后一个字，不只是新闻，还包括所有的广告内容。

这当然是一件十分无趣且让人头痛的事情，开始第一周，光是报纸上大量的人名、企业名、产业名和各种数字、专业知识、专有名词……就已经让小肖开始抓瞎了，不过既然开始了，她就从没想过放弃，她想一遍看不懂，那就看两遍、看三遍，加上翻阅资料，自己总能把它们啃透背熟的。

这个方法虽然看起来很笨，但是效果不错，三个月不到，小肖已经对当地的大小企业和产业链了如指掌，对当地正在发生的经济议题也有了十分清楚的认识，等到再出新刊时，小肖对经济的基本知识、动态、来龙去脉的了解，已经和竞争对手《××经济报》的老记者们不相上下。就这样，小肖用她的认真，完成了从新记者到老记者的跨越。

不管是怎样的人生际遇，都要相信这是老天给自己的最好安排，认真对待生活中遇到的点点滴滴，就像故事中这个可爱的年轻人，认真努力过后，你会相信有时候一个人的认真真的能让世界如临大敌。

现在的年轻人太过浮躁，想要一夜成名、一夜暴富的人更是不计其数，但是做起事来却没有应有的态度，还没认真努力过呢，就开始抱怨社会不公平，老板没有眼光。我们都羡慕成功的人，但其实只是羡慕结果，却忽略了他们认真努力的过程。比你成功的人却比你还要认真、努力，这大概是大多数不愿奋斗的年轻人的现状吧。要想成功，那就从现在开始改变这个现状，认真起来，认真生活、认真工作，将认真渗透到你生活的点点滴滴，坚持下去，你的认真会帮你打败任何困境和挫折。

人生点睛

年轻朋友，切记做事不要三心二意、半途而废，因为这样的人生是没有意

义的。认真完成每一件你认为值得的事情，日积月累，就会有很惊人的效果。

努力完成人生跨越的唯一途径

不用总是羡慕别人头上的光环，只要我们努力起来，也可以为自己戴上只属于自己的王冠。真正的努力并不是毫无目的、好大喜功的，它必须有一个主要目标，在主要目标之下还需有次要目标。所有努力的着力点其实是在那个主要目标上。如果你的努力是盲目的，或者只是一时的热血，那么注定不会有什么好的结果。

小柳是法律专业的大三学生，学期结束时和小暖被分到同一家律师事务所实习。半年实习结束后，小暖接到事务所邀请，成为正式员工，小柳则被刷了下来。虽然觉得委屈，但她并没放在心上，而是迅速加入了考研大军，但是准备了一年，仍旧失败了。一天，她正在街上闲逛，偶遇了当时让她做助理的律师，律师看她很迷茫便邀她去喝杯咖啡。

“那为什么是我呢？我明明也很努力，这对我不公平！”小柳想到了一年前的委屈，忍不住问道。

“当时你和小暖水平相当，我也觉得很疑惑为什么没选你，后来小暖正式上班后，我才明白了老板的选择。虽然你很聪明，会按时完成我给你安排的工作，但是小柳，这并不是努力，你只是在完成分内的事。但是小暖就不同了，她知道自己专业知识不如你，所以每天都会早上班一小时，提前到事务所温习当天要用的资料，而且除了律师安排的工作，她还会积极地询问周围的人，不断提高自己，直到现在正式上班了，她依然如此，对了前不久，小暖拿到律师执照，已经可以单独接业务了。”

这时小柳才恍然大悟，原来自己并没有想象中努力，就这样与可能改变人生的机会擦肩而过。

很多时候，我们看似很努力，但其实并不是这样，努力不是做做样子，而是脚踏实地，踏踏实实做事，并且做好每一件事，你要相信量变是会引起质变的，就像故事中的小暖一样，虽然和别人相比，我可能不是最好的，但是我可以通过努力，成为最好的自己。

大家都知道鱼是靠鳔，才能漂浮在水里自由游动的，但你知道吗，有一种鱼天生就没有鳔，它们依靠肌肉的运动，永不停息地在水中游弋，不仅保持了强健的体魄，炼就一身非凡的战斗力。它们就是被誉为“海洋霸主”的鲨鱼。

年轻人，也许你觉得你的人生充满荆棘，也许你觉得自己总是最倒霉的一个，也许你觉得这个社会太不公平，不给你实现抱负的机会……但是，哪怕是一小会儿，你有没有想过，这些消极的想法可能真的只是你自己的想法罢了。与其整天抱怨上天的不公，不如学习鲨鱼，化短为长，从今天开始，从现在开始，踏踏实实地努力起来，多做些对自己成长有利的事，完成真正的人生跨越。

人生点睛

不努力的人生是不完整的，没有目标，整天浑浑噩噩地过日子是不会拥有快乐的。趁着年轻，多努力、多奋斗，即使没有成功，你的人生和那些不努力的人相比也会有很大的不同。

先改变自己，才可能改变人生

有些时候，迫切需要改变的，或许不是环境，而是我们自己。改变自己，需要从改变自己的心态做起，首先你得否定原来的自己，学会反思，这需要很大的勇气，但是只有这样你才能真的认识自己，与原来那个不完美的自己告别，成就一个全新的自己。

英国有位很有名的主教的墓志铭说：

少年时，意气风发，踌躇满志，当时曾梦想改变世界。但当我年事渐长，阅历增多，发现自己无力改变世界。于是，我缩小了范围，决定先改变我的国家，可这个目标还是太大了。接着我步入了中年，无奈之余，我将试图改变的

对象锁定在最亲密的家人身上。但天不遂人愿，他们个个还是维持原样。

当我垂垂老矣之时，终于顿悟：其实，我应该早就明白，我能改变的只有我自己！而且，通过我自己的改变，以身作则，或者能影响我的家人改变，进而影响我周围的人改变……说不定最终真的能影响国家呢……可是，你知道，我已经死了，没法从头再来！

其实我们的人生又何尝不是这样，在渴望改变他人、改变世界的幻想中，一直徘徊不前，碌碌无为地度过了自己的这一生。改变世界、改变他人都太难，但改变自己却较为容易。求人不如求己，与其改变全世界，不如先改变自己。当自己改变后，眼中的世界自然也就跟着改变了。

A城遭遇经济危机，出租车行业也变得十分不景气，除了一位司机，他不但未受到影响，而且经常有人提前预订他的车。蒋某也是出租车司机，他对此感到十分不解，便问其中一个乘客为什么愿意坐他的车，那位乘客什么也没说，只是让他自己亲自去体验一下。

第二天，蒋某脱下工装，坐到了那位司机车中，上车后他惊讶地发现，不只车的外观十分干净，车的内部也十分整洁，不大的空间足见车的主人的细心。车子开到红路灯时，司机停下来告诉蒋某，车的后面有最新的报纸和杂志，要是他觉得很闷，司机也可以和他聊任何他感兴趣的话题。到了目的地，蒋某再也按耐不住了，他问司机是什么时候开始这样做的。

司机说他以前其实也不是这样的，和大多数司机一样，他觉得开出租车只是一份谋生的职业，只要把乘客送到目的地就行了，所以对待乘客并不是很客气，甚至还会和乘客发生口角，弄得自己也很不开心。一次偶然的机会，他听到电台里一档节目里正在谈论关于人生的意义，大致意思是说：如果我们想改变世界，改变生活，那么首先要改变自己，改变自己的生活态度和心态。如果你想要快乐，首先要变成一个会制造快乐的人，这样你生活的环境就会变得快乐。就是从那个时候开始，我决定做些改变。

第一步，我就是把车子的外观和内部做了改变，这样乘客坐上我的车心情就会变好，然后我在和乘客的交流中，逐渐改变自己的心态，学会倾听和逗乐，这样不只别人开心，我自己也会很轻松、很愉快。

人生就像驾车，每个人都可能成为司机，迎来送往每个生命中的过客，如果我们一味地期待别人改变的话，那就等于把方向盘交给了别人。有心理专家曾指出：其实，从本质上说我们周围的环境是中性的，我们之所以觉得它有好有坏，是因为我们将自己乐观或消极的情绪强加给了它，问题的关键是你倾向选择哪一种？也就是说，就算你周围的环境是一成不变的，但是只要你自己改变了，那么你周围的环境也会随之发生改变。

总之，如果你希望看到你的世界改变，那么第一个必须改变的就是自己。心绪改变，态度就会改变；态度改变，习惯就会改变；习惯改变，人生就会改变。

人生点睛

当你无法改变世界，改变社会，改变周围的人的时候，你可以试着改变自己，因为这世上唯有自己是受你灵活支配的。而当你改变自己的时候，你会发现周围的世界也会跟着你的改变而发生改变。

自己放弃自己，世界也会放弃你

我们在社会上生活，有成功就会有失败，如果遇到一点点挫折，就想要放弃，那是对自己人生不负责任的表现。美国著名篮球运动员迈克尔·乔丹也曾在受采访时说：“我可以接受失败，但我不能接受放弃！”可见，失败并不可怕，可怕的是被失败打倒，然后放弃继续努力。

人生就像是一条波涛汹涌的大河，我们都是河里面的水手，但并非所有的水手都能在惊涛骇浪中一帆风顺直达对岸。但是明知前面有荆棘，有坎坷，我们就可以提前宣布放弃吗？不，不是这样的，与其害怕退缩，不如坦然面对。人生漫漫，不经历失败、不遭受打击，怎么能感受成功的喜悦呢？

有个年轻人，觉得生活没有奔头，不管什么事，他好像都很倒霉，最近就连工作都没有了，所以干脆自暴自弃，过着得过且过的日子。一个朋友实在

不想看他这样，便带他去看舞台剧。他们提前半小时到的，屏幕上首先放的是舞蹈演员的视频。原来今天的舞蹈舞团的领舞之前是一名舞蹈演员，二十几岁的时候出过很严重的车祸，不得不把大腿以下坏死的部分锯掉。当时他心灰意冷，觉得自己就要变成废物了，家人不愿看他就此堕落下去，便给他在残疾人舞蹈团找了份工作。因为不适应义肢，他不敢再跳舞，只是在舞蹈团里做些杂活儿。后来他被舞团里面的成员感染，他内心的舞蹈细胞被重新激活，他想，大家可以不抛弃不放弃，重新站起来，为什么我不能呢？于是开始跟着团长刻苦练习，终于再次站在了舞台上，而且这次是领舞的位置。年轻人看完，内心很受震动，忽然明白朋友的用意。舞蹈演员被迫切掉双腿，仍能不放弃自己的梦想，勇敢地追梦，自己年纪轻轻，只不过是丢了一份工作，为什么要放弃呢？

从那天以后，年轻人开始振作起来，拿起之前丢掉的课本，白天工作，晚上花三小时上夜校，一年之后，拿到了IT工程师的执照，成了一名大家称羡的工程师。

年轻人身上有很多人的影子，尤其是现在社会竞争压力大，而人们的抗压能力反而越来越弱了。很多怀着美好憧憬和伟大抱负的毕业生，刚进社会就被残酷的现实打击得站不起来，只想放弃。压力、挫折、失败，这是每个人人生都必须经历的，人生漫漫，我们不可能一帆风顺地走过，既然是这样，我们为什么不振作起来，拾起信心，再加加油，让人生过得更精彩些呢？

失败并不可怕，因为人人都会经历失败，失败是成功之母，可怕的是被失败打倒，从此一蹶不振放弃人生。放弃是这个世界上最容易做到的事情，但也是最不负责任的表现，尤其是年轻人，我们刚进社会，年轻就是我们的本钱，受点打击、经历点挫折并不是什么大不了的事情。只要你坚持下去，不放弃自己，总有一天，你能打造一片属于自己的世界。

人生点睛

别人对自己的意见重要吗？很重要，但是最重要的还是自己对自己的看法。失败并不可怕，被这个世界抛弃也不可怕，可怕的是你自己不再相信自己，选择放弃自己。一个人要是连自己都想放弃了，那别人再怎么想救你也是使不上劲的。

唤醒你的潜能，人生无所不能

生活中，有很多正在浑浑噩噩过日子的人，他们认为自己没有本事，所以索性安于现状、不思进取。但有时候，我们应该多逼一逼自己，给自己危机感，这样才能完全激发自己的潜能，唤醒我们内心深处隐藏已久的激情，实现最大的人生价值。

大部分的人之所以平庸，并不是因为自身能力不够，而是因为他们安于现状，不愿努力一把，把自己的潜能激发出来，反而在碌碌无为、一成不变的生活中埋没了自己。人生在世，有许多事，只要你想做，其实都是能做到的，只要你能克服困难，挖掘自己的潜能，爆发小宇宙。

王某从小就十分喜欢跑步，初中时体育老师见他十分有潜力，便推荐他到校体育队成了一名体育特长生，每天跟着教练练习长跑。初二下学期，王某如愿摘得了那年中学生田径比赛的8000米冠军。王某一下子成了学校小有名气的明星，初三毕业的时候，更是以专业第一的成绩，考上了当地著名的体育院校。

原以为日子会这样一帆风顺的王某却在大二那年遭受到致命的打击，一场突如其来的车祸让他卧床休养了一个月之后，医生宣告他再也不能回到赛道上了，并且今后必须与轮椅为伴。王某觉得天突然黑了，每天都闷闷不乐，一天妈妈推着他去小区散步，因为忘了拿东西，所以让他一个人先待一会儿便返回去拿。意外就在这时发生了，三个蒙着面的歹徒见他行动不便，便想抢他手里拿着的包。王某极力反抗，不料歹徒被激怒，不但抢走钱包，临走时还拿打火机点着了王某的轮椅，眼见着火越烧越大，王某忘了自己是残疾，只想要尽快逃离这里，他站起来，拼命往前跑，直到一口气跑到了小区外面，顺利获救，才发现自己已经可以走路了。

虽然连他的主治医生都说这是奇迹，但不得不说危急关头，人的潜力真的是无穷的。现在王某虽然不能再回到赛道上，但是他重拾信心，回到母校，已经成了一位出色的长跑教练。

只要我们将身上的潜能发挥出来，我们也能像王某这样，在人生的转弯处获得转机，柳暗花明。无论别人对我们的评价如何，不管我们面临的事情有多么艰巨，只要我们相信自己，相信潜能，我们就一定能有所成就。

每个人身上都蕴藏着自己无法想象的能量，这种能量就像一个熟睡的巨人，正在等待我们去唤醒，这个巨人就是我们通常所说的潜能。假如我们积极去唤醒它，让它像原子反应堆里的原子反应那样爆发出来，那么它将使我们的人生无所不能。

人生点睛

激发潜能必须做到的事：一、正确归因。其实也就是当自己失败时，找到真正的原因，而不是一味地觉得自己的能力不行，这样长期下去，人形成一种惯性，就很容易忽略自己的潜在的能力了。二、打破旧习惯。只有打破惯有的思维，人才能从固定的思考方式里面跳脱出来，把无限潜能激发出来，永远保持积极活跃的状态，而不是碌碌无为，平庸地过一辈子。

接受应该接受的，改变可以改变的

台湾女作家吴淡如曾说过这样一句话："改变我能改变的，接受我所必须接受的，让自己活得充实，永远不要画地为牢。"生活中，面对那些让自己不愉快的事情，这应该是最佳做法了吧！例如，你改变不了环境，但是你可以改变自己浪费的习惯，为保护环境多尽一份力；你改变不了周围的人，但你可以改变自己的心态，更宽容一点，多包容和自己不一样的人……只有这样，你才不会被生活中的不愉快击垮，你的人生也会更精彩！

生活中有很多人总觉得改变自己很难，只想改变社会、改变周围的人，结果可想而知，他既不能改变社会，也无法左右别人，自然生活也不会有什么变化，于是牢骚和抱怨就成了家常便饭。其实这个世上最容易改变也是你唯一能改变的就是你自己，只有先改变自己，把自己的每一件事都做好，才能谈得上改变其他。

巴雷尼还很小的时候因病成了残疾，妈妈见他这样，心痛得不行，但是只要面对他，妈妈始终都在强忍着，没有表现出现。因为妈妈知道巴雷尼现在需要的是鼓励和帮助他走出阴霾的妈妈，而不是一个流着泪的妈妈！想通后，妈妈来到巴雷尼的病床边，握住巴雷尼的手说："孩子，妈妈相信你是一个坚强的小孩，也希望你能用自己的双腿，在人生道路上勇敢地走下去，亲爱的巴雷尼，你能答应妈妈的请求吗？"

妈妈的话让巴雷尼深深地震撼了，他哇的一声扑在妈妈怀里，哭了。

从那天之后，笼罩在母子俩头上的乌云不见了，妈妈只要一有空就会陪巴雷尼练习走路，做体操。有一次妈妈得了重感冒，身体特别虚弱，但是她想到她是儿子的支柱，应该做儿子的榜样，不能就这样放弃，于是凭着坚定的意志，坚持完成了那几天的锻炼。累是必然的，但是妈妈却很开心，因为经过这段时间的锻炼，儿子脸上终于有了笑容，他不再埋怨那场疾病，而是积极改变自己，甚至比生病以前更乐观和自信了。

体育锻炼弥补了巴雷尼因为残疾带来的不便，而母亲的言传身教，更是让他感触很深，他终于抗住了命运的打击，并开始返校学习，他的成绩一直在班上名列前茅。最后，他以优异的成绩考上了维也纳大学医学院。大学毕业后，巴雷尼一直致力于耳科神经学的研究，并以此研究的优秀成果获得了诺贝尔生理学或医学奖。

再也站不起来，这对成年人来说都是不小的打击，更何况当时还是孩子的巴雷尼，但是很幸运的是他有个很坚强的母亲，一直鼓励他走出阴影，积极面对生活。所以我们看到失落的巴雷尼接受了命运的不公，并开始改变自己的现状。

生活就是这样，会发生很多让我们始料未及的事，它们有的是让我们惊喜的，有的是让我们失望的。不管是惊喜还是失望，它们都是生活对我们的馈赠，面对失望，我们可以不开心，却不能因此消极，而是应该积极面对。

接受你必须接受的，改变你能改变的，这不仅仅是说说而已，而是应该实践在我们生活中的每一处，只有这样你的生活才会充满阳光，你的人生才会更精彩！

人生点睛

面对问题，抱怨是最糟糕的解决方式，也是最不可取的方式。与其抱怨所受的苦，还不如坦然接受，然后积极改变，这才是解决问题的正确之道。

磨砺到了，幸福也就到了

世界上很多事都是无法预料的，亲人离去了，生意失败了，自己失恋、失业了，这些突如其来的事情都会打破我们原本平静的生活，以后的路到底应该如何走呢？我们应该从哪里起步？这些灰暗的东西就像影子一样跟随在我们身后，让我们毛骨悚然，裹足不前。

难道生活真的这么艰难吗？日子真的没法再恢复平静了吗？事实上，并不是这样。这个世界上，为什么有的人活得轻松自在，有的人却活得无法喘息？只因为前者能够拿得起放得下，而后者却拿得起放不下。有些人遭遇了伤害，就一蹶不振，沉沦在悲伤的泥淖中无法自拔。只有得到没有失去的事情是不可能实现的，但是一个人若失去后，就丧失了对未来的信心与渴望，又怎么可以再次获得呢？人生又如何再次幸福快乐呢？

“经营之神”松下幸之助从9岁起就在大阪做小伙计，父亲的早逝让15岁的少年不得不早早担起生活的重担，寄人篱下的生活让他提前体会到在世为人的艰难。

22岁的时候，松下幸之助成为一家电灯公司的检查员。就在这时候松下幸之助发现自己也身患家族病，已经有9个亲人因为这种家族病没有活过30岁就过世了。他已经没有退路，反而对即将发生在自己身上的事情做好了充分的心理准备，这也让他形成了一套和疾病斗争的方法；不断地调整自己的心态，用坦然的心境面对疾病，让自己始终保持着旺盛的生命力。这种过程坚持了一年，松下幸之助的身体反而更结实了，内心也越加坚强，这种心态影响了他此后的一生。

患病一年以后，他辛苦思索如何改良插座，但是愿望受阻之后，他决定辞职，独立经营插座的生意。创业成功以后，正遭遇了第一次世界大战，物价飞涨，但是松下幸之助手中掌握的资金少之又少。公司成立以后，最早的产品是插座盒与灯头盒，但是因为销量不好，工厂运转举步维艰，工人也相继离开了，松下幸之助面临的创业之路变得非常糟糕。

不过他心态非常乐观，把这些都当作创业的必经之路，当时的他这样鼓励自己："再努力一些，总是会有成功机会的！以后会更加接近成功的。"他一直坚信：只要坚持住就能获得成功，而这就是对自己最好的回报。功夫不负有心人，松下幸之助的生意渐渐有了生机，6年之后他终于展示出了第一件像样的产品，那就是自行车的前置灯，自此之后公司才慢慢走出了困境。

1929年经济危机席卷全球，日本也没有能够幸免于难，销量锐减，库存激增。日本战败让松下幸之助一夜之间变得差不多所剩无几，留下的只有至1949年时差不多高达10亿元的巨额债务。为了抗议将公司性质定义为财阀，松下幸之助不止50次前往美国司令部进行交涉。

这些接连不断的打击并没有让松下幸之助失去信心，现在松下已经是享誉全世界的知名品牌了，而这个品牌正是在接连不断的磨练中渐渐成长起来的。

如果一开始知道自己得了家族病的时候，松下幸之助就沉浸在悲痛之中，那么，也许现在我们就看不到松下这个品牌了。

生活中有很多我们无法预想到的事情，这些事本身不可怕，可怕的是我们没有办法不受这些事情的影响，无法尽早脱离出来，用最佳状态投入下一轮生活中。即使现在的我们身无分文，也可以白手起家，一步步努力打拼，当磨砺到来的时候，幸福也会尾随而至。

人生点睛

日本著名女作家三浦绫子说过："天空虽有乌云，但乌云的上面，永远会

有太阳在照耀。”生活就是这样，虽然有磨难，但是只要跨过了这道坎，幸福的坦途也就来临了。

挖一口属于自己的井

经常会听到有年轻人抱怨：都工作五年了，为什么我还只是底层的员工。刚听到的时候，大概都会跟着义愤填膺一下，因为五年时间不算短，在这个浮躁的社会，能在一个地方坚持五年实属难得，怎么会得不到晋升的机会呢?

易大千大学毕业后，就进了一家证券公司做咨询，对工作他无疑是十分积极和努力的。只要有客人来，他都是微笑迎接、积极解答，十分热心，深受顾客好评。与同事相处得也很融洽，大千很幽默，同事都很喜欢他。

但是只要一下班，出了办公室，大千就会变得像一只泄了气的皮球，没有一点精神。每次下班回家的路上，不管是打车还是走路，他都像是行尸走肉一样，对什么都提不起兴趣，遇到认识的人，也没有精神打招呼？回到家也是，一回家便坐在电脑前，虽然是打发时间，却不知道做什么，就这样一天天地混日子。日子久了，他觉得自己的生活就像一部定时的闹钟，每天过着按部就班的生活，没有激情，也没有方向。

“难道我的人生就这样了？”这是大千最常在心里问自己的问题。

故事里的大千身上有很多现在的年轻人的影子，日复一日，过着勤恳的日子，但却始终没什么进步。大家为什么会这样呢，归根结底，还是因为他们的眼光太短浅，没有长远的目标。所以过日子就是混日子，时间长了，激情也被磨灭了。

俗话说：精明的人看得懂，聪明的人看得远。如果我们的目标仅仅是眼前的薪水，满足的仅仅是手头的工作，而不想着提升自己，确定更长远的目标，那我们又怎么会有进步，我们的生活又怎么会有变化呢?

村里有一条供全村人饮水的小溪，小溪的两边是两座相邻的山，两座山上都有一座寺院。每天寺院里的和尚都会下山，到溪边打水挑回去用。时间长了，两个和尚碰到的次数越来越多，两人渐渐成了无话不谈的好朋友。

就这样，距离他们第一次下山打水已经过了5年了。这天，左边山上的和尚照旧下山去打水，但是却没看见右边山上的和尚，他想，我这个老友一定是有什么急事，便没在意。

第二天，那个和尚还是没下山。

第三天、第四天……已经一个星期了，左边山上的和尚都没见到右边山上的和尚，他开始担心了，我这老友不会是病倒了吧，于是放下水桶去对面山上看望他的老友。但是到了寺里他大吃一惊，原来他的老友正精神抖擞地在院子里打太极拳呢，一点也不像一周没水喝的人。

他很不解，便上前询问老友："我都一周没见你下去打过水了，没有水，你这一周是怎么过的？"老友什么也没说，只是笑着让他跟自己去看看。于是他被老友拉着到了寺院的后院，老友指着后院的一口井说："我这五年来，每天做完师傅安排的功课，都会抽出时间挖这口井，有时快、有时慢，如今终于让我挖出水了，我以后再也不用下山去打水，我可以花更多的时间在我喜欢的太极拳上了。"

很多人过日子都是抱着一种"打工"的心态，也就是一直挑水，但是人的精力有限，时间长了，也就厌倦了、疲乏了，这也是很多人觉得人生不如意的原因。因为他们不懂得挖一口属于自己的井或者没办法坚持挖完属于自己的井。

人生点睛

年轻人，现在正是奋斗的大好时机，千万不能满足于生活现状，年复一年重复着单调的工作方式，而应该努力把自身的优势找到，尤其是业余时间的兴趣方向往往就是等待自己去挖掘的井源。这样不仅有水喝，而且喝得很悠闲。

第03章 现在吃点苦不怕，未来多享福的才是赢家

人这一辈子，没有谁的成功之路是一帆风顺的，要想成功，就必须付出汗水和努力。年轻时多吃点苦不可怕，因为年轻就是我们最好的资本，趁着年轻，多吃点苦，多奋斗，为我们的事业打好基础，将来才能多享福。

年轻的时候不吃苦，注定一辈子受苦

民间一直有这样的习俗：给新生儿先喂以大黄，然后再喂以甘草汁，之后才正常地喂饭吃。大黄是苦的，而甘草汁带着甜味，寓意“先苦后甜”，可见父母对培养孩子的良苦用心。生活就是这样，只有尝到了苦的滋味，才会懂得甜来之不易。

现在的年轻人，从小在一大家人的呵护下长大，最大的通病就是不知道何为吃苦。所以参加工作后，只要有一点点不满意，就会跳槽；遇到一点点挫折，就想放弃。最后吃不得苦，成了生活的逃兵。但在现实中，凡是取得巨大成就的人，都是先吃苦，才收获甜的。所以能吃苦其实是一种资本，一种保证今后获得甜的资本。

唐贞观年间，有个人在城中开了一家小磨坊，并在集市上买了一匹马和一头驴给自己推磨。可怜的马和驴从被主人买回来的那一天起，就一直被关在不见天日的磨坊里，不分昼夜地拉着石磨。

一想到自己的余生就要在这里度过，驴子十分失望，每天以泪洗面，后来它再也受不了了，开始不断伸长脖子，发出刺耳的哀鸣。磨坊主本就是个脾气暴躁的人，只要一听到驴子撕心裂肺的叫声，都会大发脾气，然后拿着棍子或皮鞭冲进磨坊，对着驴子一顿猛抽。因为磨坊主的虐待，驴子觉得自己更加不幸了，过了一段时间，它就已经瘦得只剩皮包骨了。

马却和它不同，尽管它和驴同样过着被奴役的生活，每天日复一日地不停劳动但它却从没忘记自己的理想，反而是不断告诫自己，只要自己现在能够吃苦、不偷懒，坚持下去，总有一天，自己一定能离开这个小黑屋，重新收获自己。所以每天在黑暗中卖力的工作不但没有将马的身体拖垮，反而使它变得更

加强壮，四肢也更加矫健。

终于，马一直等待的机会来了。一心向佛的皇上决定让玄奘去西天取经，并下令要在百兽中给玄奘选一坐骑，后面的故事大家应该都知道了，经过一番选拔，最终膘肥体壮、四肢矫健的马被选中，并被皇上赐封。而那头整天抱怨的驴子则继续在暗无天日的黑磨坊里，日复一日地围着磨坊转啊转啊转……

每一次困境都是一道血淋淋的伤口，要想伤口愈合，就必须下狠心，像马儿一样，做好吃苦的准备，而不是做一头抱怨的驴。

现实生活中，很多人梦想才刚刚开始就觉得太难，还没吃苦就已经想着要放弃，还没遇到真正的困难就已经打退堂鼓，这样可能会让你得到短暂的解脱，但是把目光放长远了看，对自己的整个发展是没有任何益处的。反而是那些能吃苦耐劳，拼尽全力奋力一搏的人，虽然在一开始甚至是很长一段时间内会吃点苦头，但是最后绝对会成为人生的赢家。

人生点睛

年轻人，我们正处在人生最美好的阶段，正是吃苦的好时候。现在不努力，老大徒伤悲，不经历风雨，怎么见彩虹，所以趁着年轻，多吃苦，多学点东西，绝对是百利而无一害的。

没有过不去的坎儿，只有过不去的人

任何一个人的人生都不可能是一帆风顺的，谁都难免要经历一些挫折、坎坷、失败……这些都不可怕，最可怕的是失去生活的信念和希望。人生的胜利不在于一时的得失，而在于是否能跨越诸多坎坷，成为最后的胜利者。

生活中，我们会遇到很多让我们始料不及的事儿，这些可能是好事儿，但大多数都是让我们措手不及、不敢接的烫手山芋。但是要记住，再烫手的山芋也有冷掉的时候，再大的坎，只要我们坚定一点，也都会过去。很多事情不是我们不能做、做不了，而是我们不愿做、不要做。

小千和小凯还有源源都是一个大院长大的，三个人都很喜欢唱歌，并立志以后要成为伟大的歌唱家。他们6岁那年，省城的一个很著名的歌唱家到他们学校挑选唱歌的苗子，他们三个人自身条件好，顺利被选上，去了省城的艺术学校进行系统的学习。

到艺术学校的新鲜劲儿刚过，他们就和其他被选拔的孩子开始了正式的训练，每天晨功、发声练习……根本停不下来，很快三个小孩儿就发现，想唱好一首歌并没有自己想象中那么容易，光是练好基本功就得花上好几年，但毕竟都还是孩子，即使是累，哭哭笑笑很快也就过去了。就这样，好几年过去，三个人已经15岁，除了日渐繁重的音乐练习，还有越来越重的课业压着他们，再加上现在三人处于变声期，任何辣的、腥的，只要是会刺激嗓子的东西都不能吃，这对正在发育期的孩子来说简直太难了。小千就是在这个时候，开始怀疑这条路会不会有结果，一旦对自己的选择有了怀疑，练习的时候也就没有以前认真了。终于有一天，小千实在忍受不了巨大的压力，赌气一般，不去练习，逃出学校，示威一般吃了一大盘以前一直不敢吃的很辣的路边摊。有了第一次，就有第二次，小千越是走到学校外边，越是受蛊惑一般觉得学习音乐是很没有前途的事。

小凯和源源当然会有同样的困惑，但是他们想到自己坚持了这么些年，到最后一刻放弃了，实在不值得，于是互相鼓励，要一起度过这段难熬的“瓶颈”期。年底的时候，老师觉得时机已经成熟，想让他们进录音室录歌先在网上发表，看看大家的反映。小凯和源源的录制很顺利，小凯的低沉嗓音和源源的薄荷音一发到网上立刻受到了许多网友的追捧，两人付出这么多年，终于有了收获。但是小千就不那么顺利了，因为不忌吃，他的嗓子受到了严重的影响，虽然正常说话没什么问题，但是要做唱歌这么费嗓子的事情已经非常吃力了，最后在离梦想仅有一步之遥的时候被关在了门外。

谁的人生不会遇到坎坷呢？谁又不会遇上诱惑呢？关键是我们怎样对待这些坎坷与诱惑，要是咬咬牙坚持下去，那么再大的坎也能挺过去，反之如果消极怠惰，被它们牵着鼻子走，那就注定被它们挡住前进的步伐，就像故事中的小千一样，令人惋惜。

年轻的朋友们，请记住，我们有最好的身体、最好的激情，所以千万不要被所谓的困难和挫折打倒。人生没有过不去的坎，只有过不去的人。坚定信心，迈过这道坎，你会看到这个世界有多美丽、多开阔。

人生点睛

很多时候，其实都是我们自己把事情想得太可怕、太复杂了，等你真的摆正心态，坚定信心，把这道坎迈过去的时候，会发现这并没有什么了不起。人生没有过不去的坎，只有跨不过去的心理障碍，只要你能咬咬牙，突破心里的难关，一切都会豁然开朗了。

对自己狠一点，绝不给自己找借口

不为自己找借口，就是不管做什么事情，无论结果好坏都勇于承担、积极改进，不为自己的错误找逃脱的借口。无论你是谁，在人生的行进过程中，都不要为自己找借口，错了就是错了，再巧妙的借口也不能改变已经错了的事实。很多人失败，就是因为对自己狠不下心，老是为自己的失败找这样那样的借口，把失败归结于不顺利的人生、不公平的社会。

优秀的人从不抱怨别人，失败的人则永远在为自己的不努力找借口。当你不再为自己的失败找借口，勇敢承担失败的结果，积极改正，那么成功离你就不远了。

今年32岁的叶某，从大学毕业后，就一直不停地换工作，不是嫌工资低了，就是工作太累了，反正不管是什么工作，都能让他挑出一堆的毛病，所以都已经人到中年了还一事无成，而且周围的人刚要劝他，他就摆摆手说这就是自己的命，由不得自己不认。

一次在一家茶馆，他又一边喝茶，一边跟人抱怨自己有多么不走运，朋友问他："你为什么觉得自己命不好呢？"叶某说："我觉得大家都活得很自由，工作也很轻松，家庭也十分美满，但我却总是被工作牵着鼻子走，怎么也找不到合适的，所以到现在还一事无成，更不用说爱情了。”朋友什么也没说，只是开玩笑地说要看看他的手掌，帮他看看是不是时运不济。朋友看了之后跟他说这些线分别是爱情线、事业线、生命线。然后让他把手握起来，然后问他：“你的命运现在在哪里？”

“在手上。”

“你的命运现在在哪里？”朋友继续追问。

这时叶某终于恍然大悟，说：“命运在我手里。”

“这就是我想让你知道的，你感觉到的别人的一切都只是你看到的，但是在你没看到的地方，他们也曾为了自己的幸福付出了难以想象的努力。人都会遇到难关，都有想逃跑的时候、抱怨的时候，但这都不是自己不再努力生活的理由，要想过上好日子，就对自己狠一点，趁年轻的时候多奋斗，记住，命运掌握在你自己手里，只有你才有改变它的权利。”

其实我们从出生那天起，命运就是掌握在自己的手中，父母只是在我们最初不懂事的那几年引导我们，所以遇到事情，不要老是抱怨、逃避、给自己找各种过不去的借口，这都不是你不幸福的理由。想要成功，不下功夫，不狠下心，是不会有结果的。

狠下心，并不是说要极端地对待自己，大夏天中午出去跑步，锻炼意志；冬天都零下了，还跑到湖里游泳。这都是不理智的做法。所谓对自己狠一点，是指在遇到困难的时候，不畏畏缩缩，只想着逃避，而是勇于面对，在困难和失败中磨炼自己的意志。当你遇到困难不给自己找借口逃避，而是勇敢跨过去，那么你离成熟和成功也就不远了。

人生点睛

遇到事情就想要找借口逃避是一种极不负责的做法，也是非常不成熟的。真正成熟的做法是，承担责任，正面解决困难。命运掌握在自己手中，所以最该对自己负责任的其实是自己，只有自己对自己负责，不找借口推托自己的责任，才能真的走向成熟。

我们最大的敌人是自己

每个刚毕业的大学生刚进入社会，开始打拼时，都有一个很美好的理想，但真正实现理想抱负的却只是很少数的人。因为大多数人在追求理想的道路上，越来越感觉到梦想与现实相差太大，梦想实在遥不可及，于是打着要适应现实的幌子，放弃了理想。但实际上阻碍我们向前走的人正是我们自己，觉得社会现实的是我们自己，觉得理想很遥远的是我们自己，最后放弃理想的也是我们自己。我们都喜欢把自己围在一个自己设计的圈里，用自己固有的思想麻痹自己，却从不想着怎么突破束缚，最终在自己给自己设计的“圈套”里出不来。

有人说心有多大，梦想就有多大。也有人说没有做不到，只有想不到，人最大的敌人不是别人，正是自己，只有战胜了心里的“魔”，才能战胜失败，走向成功。所谓“魔”，通俗的解释就是每个人心里扯自己后腿的东西，它可以是消极的心理、逃避问题的心思……如果我们不能战胜自己，打败这些“魔”，我们就不能真正地成长和独立，也就谈不上实现理想了。

德国音乐家贝多芬，这个被命运抛弃的人，喜欢音乐却在26岁时开始耳聋，这对一个喜欢音乐的人来说该是多么大的打击啊！但是他并没有就这样沉沦下去，而是继续他的音乐创作，这其中的煎熬、痛苦、艰辛，大概只有他自己才真正了解吧。可是幸运的是他坚持下来了，他战胜了病痛、用顽强的意志战胜了自己，创造了不朽的交响曲《命运》《月光》，成了享誉全球的音乐家。

像贝多芬这样的名人还有很多，如用自己的智慧征服全世界的爱因斯坦、凭借惊人的冲击力而成为世界飞人的刘翔……这些人都有一个很显著的特点就是不被困难和失败打倒，最终战胜自己，书写了最美的人生篇章。

现在的年轻人和他们坎坷的人生相比，多幸福啊，至少我们的身体是健全的，这就是我们最好的本钱。所以还有什么理由不好好努力，消极怠惰呢？俗话说得好，世上无难事，只怕有心人。我们之所以觉得生活艰难，无非是过不

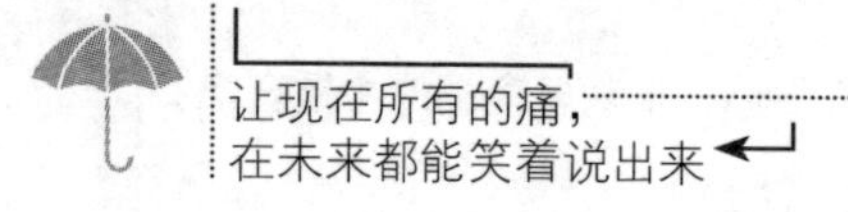

了自己心理那关，所以常常在还没开始努力之前就已经被自己打败了。

战胜自己，打败心理的“魔”，勇敢跨出第一步吧！做任何事，只有你自己先肯定自己，觉得自己能行，才能顺利完成。人生也是这样，只有战胜自己，才能得到上天的奖赏。

人生点睛

我渴望过上轻松自在的生活，到头来却发现我只是从一个牢笼逃到了另一个牢笼。我以为是我运气不佳、眼力不好，最后才发现是自己能力不行，所以过不上自己想要的生活，这真是一件很悲哀的事情啊！

不去冒险就是最大的冒险

年轻人离开学校，步入社会，要想做出自己的成绩，活出自己的精彩，就必须有敢于冒险的精神。四平八稳、按部就班的生活，只能永远停留在原地，虚度光阴。很多人总是找各种各样的理由来为自己的平淡生活开脱，然后避免让自己冒险，却忘了不去冒险就是最大的冒险。

每年夏天，都会有上百万只的角马从干旱的非洲塞伦盖蒂草原北迁到马赛马拉的湿地上。在这段艰辛的长途跋涉中，角马们唯一的水源就是格鲁美地河。

但是，对长途跋涉的角马来说，格鲁美地河既是生的希望，也是死亡的象征。因为角马要想喝到河里的水维持生命，就必须穿过一大片的灌木群，而这些树林也是猛兽的藏身之所。炎炎烈日，饥渴交加的河马终于走到了河边，但是想饮一口水并不是这么简单的事，河里面的鳄鱼和周围的狮子随时会扑向它们，危险真的一触即发。

出于对危险的恐惧，许多河马都不敢靠近格鲁美地河，虽然它们也饥渴难耐，但是它们选择不喝水继续往前走，最后活活渴死在了路上。只有少部分的角马不惧风险，抱着赌徒的心理，勇敢地来到水边，痛快地饮水，结果它们成

功了。

一个不冒任何风险的人，就像故事中选择不喝水的角马一样，到头来，什么都得不到。他们面对困难与麻烦，除了逃避，就再没别的想法了，最终的结果很简单，就是一事无成，什么都没有，除了羡慕别人，就是后悔。

与其在羡慕和后悔中度过一生，为什么不放手一搏呢？

美国最受欢迎的花样滑冰选手，被誉为“冰上美人”的美籍华裔花滑选手关颖珊在参加2000年举办的世界花样滑冰世锦赛时，一直很渴望能拿一块金牌，证明自己的实力。但是，在最后一场比赛开始前，她的总积分仅排在第三位。这个位置根本算不上安全，而且她想到自己最后的一个节目并没有很大的惊喜，想靠那个节目似乎不太可能取胜。于是，她在表演最后一个节目时做了一个大胆的突破，在不到四分钟的节目里，她大胆把平淡的动作换成了最高难度的三周跳，并且做了两次。这样做其实是把“双刃剑”，如果成功了，那么金牌肯定是她的，但是失败了，她一定会输得很难看。但是她觉得只要是输怎样都是输了，如果这次冒险有成功的可能，自己为什么不冒冒险呢？结果证明，她的冒险成功了，两个三周跳都平稳落地后，观众席上响起了热烈的掌声。

比赛结束后，记者问她为什么会这么做时，关颖珊回答说：“因为我不想等我失败的时候才懊恼地发现是我自己努力得不够。”

这个世上，没有哪一条通往成功的路是万无一失的，而动态的命运往往都带有很大的随机性，各要素之间的变幻莫测也会对事情的结果产生至关重要的影响。在人们什么都不确定的环境里，人类的冒险精神是最稀有的资源！

人生点睛

鼓励冒险但是并不意味着所有的冒险都是值得的，冒险除了和勇敢挂钩，也与常识有着莫大的联系。我们在冒险之前应该先预估事情的结果，只有对成功有助益的，才是值得去冒的险。

逼自己一把，做最出色的自己

1985年，一位年轻的漂亮女孩儿来到东京帝国饭店当服务员，这是女孩踏入社会的第一份工作，因此她在心里暗暗下定决心，一定要做好这份工作。只是令人没有想到的是，主管给她安排的工作竟然是洗厕所。

洗厕所！天哪，应该没有人会喜欢这份工作吧，更何况还是一个从未干过粗活、皮肤娇嫩的女孩儿。自己能干得了吗？女孩不禁开始怀疑自己了，洗厕所时，除了嗅觉、视觉和体力上给她难以消化的不适外，更重要的是心理暗示作用，有好几次她都受不了直接吐了。但是偏偏她的上司对这项工作的要求极高——必须让厕所清洁如新。

她很明白“光洁如新”的含义，她也知道如果自己一直不能适应洗马桶给自己带来的冲击，那么她永远也不可能达到上司的要求。所以她陷入了困惑和纠结之中，甚至为此不止一次地流下了委屈的泪水。

这时，她面临着人生第一次的重要抉择，继续做下去还是另外找新的工作？做下去？这实在太难了，自己根本达不到主管的要求。另谋职业？第一份正式的工作，就要知难而退，这不是自己的风格，刚进酒店时说要努力做好的誓言还响在耳边呢。这是自己人生的第一步，可马虎不得。

就在她反复纠结，无法决定的时候，同单位一位前辈及时出现在了她身边。看到她如此困惑，前辈什么也没说，只是拿着洗马桶的工具，一遍又一遍地擦着，直到马桶光洁如新，然后他将自己擦过的马桶里装满了水，接着又从里面舀了一杯水，毫不犹豫地喝了下去。整个过程一气呵成，没有半点做作。女孩感到十分震惊，也深受鼓舞，并在心里鼓励自己，即使是做洗厕所的人，也要做洗得最出色的人。

从此她像变了一个人，不再为自己的工作感到纠结，转眼几年过去，她已经从一个底层的清洁工成了日本最年轻的县议员。她就是后来担任日本邮政大臣的野田圣子。

很多人之所以平庸，就是因为喜欢安逸，不愿挖掘自己的潜力。但是有时

候不逼自己一把，你永远不知道你能做到多好。努力了不一定成功，但是不努力一定不会成功。我们既然选择工作，何不在自己的岗位上，认真一点，逼逼自己，努力成为最好的自己呢？

人生点睛

人的生命是有限的，与其碌碌无为，每天浑浑噩噩，过着自己都不知道有何意义的日子，还不如逼自己一把，让自己在有限的生命里发光发热。

毅力不倒，要熬就要熬出头

不吃苦中苦，难成人上人。这是大家都懂的道理，所以很多人开始心甘情愿地吃苦。但最终等到苦尽甘来的却只有极少数的一部分人，之所以会这样，很大一部分原因就是毅力丢失，中途选择了放弃。吃苦不难，难的是坚持下去，熬出头来。

被称为日本推销之神的原一平，一天应别人邀约，去给大家传授推销秘诀的演讲。演讲时，原一平脱掉自己的鞋子，让大家看他的脚底，坐在底下的观众发现这位推销之神的脚底上的厚茧至少比平常人厚几倍。这时原一平继续说道："推销其实不难，只要有毅力，能吃苦，愿意比别人走更多的路，问更多的人。"

从原一平脚底的老茧我们不难看出，为了推销商品，他走了多少路，吃了多少苦。如果没有顽强的毅力，恐怕他早就放弃了。很多时候，人不成功，不是因为没有能力，而是因为缺乏毅力才与成功失之交臂，这的确是令人惋惜的。但人要是有了毅力，结果就不同了，即使是枯燥、让自己感到挫败的事情，他也能从中找到乐趣，激励自己坚持下去。

小贺和小易在同一个大院出生，5岁那年，因为先天条件不错，小贺和小易被省里体操队的老师选拔出来成了省体操队苗苗班的学员。

练体操有多苦，小贺和小易都是到了体操队才开始体会到的。光是每天早上的拉筋、伸展身体就已经让他们叫苦不迭了，再加上每天高强度的身体训练和动作训练，两人一天下来回到宿舍，都已经累得直不起腰来了。但毕竟是小孩子，虽然也会哭闹，但只要教练凶一凶再给颗糖，这么多年也就坚持下来了。

转眼，两人在体操队训练已经八年了，这年两人十三岁，这么多年的辛苦，他们终于等到了上场比赛的机会。他们俩还又有队里的其他的几个孩子被临时组队，一起到隔壁省参加少儿体育锦标大赛。两人激动得一夜都没睡，第二天一大早就跟着老师还有其他队友出发了。比赛当天两人精神都很不错，老师和教练也一直在旁边鼓励他们，尽自己的力量做到最好就可以了。但是意外还是发生了，正式比赛的那天，先是小贺在跳马比赛中落地不稳，失误了。接着下午小易在参加鞍马比赛时，因为手滑掉下了器械，也失误了。虽然老师和教练并没有责备他们什么，但是第一次比赛就这样，对两人的打击都不小。

两人回来后，对体操的态度都发生了不同程度的转变。参加比赛以前，小贺觉得参加体操班的训练只是妈妈和老师对自己的安排和提拔，但是有了这次的经历，小贺觉得自己和体操的缘分才刚刚开始，自己一定得吸取教训，努力训练，争取未来取得好成绩。小易的想法却和小贺恰恰相反，因为这次失败，他不再看好体操了，虽然没有直接放弃，却不再像以前那么努力了，训练也是能偷懒就偷懒，终于在两年之后选择了退出训练班。

小贺以第一次的失败为教训，每天刻苦训练，不管多累都一直坚持着，十八岁这年，小贺被教练推选参加了当年举办的青少年体操锦标大赛，并一举夺得了当年他失败的跳马项目的冠军。当小易在家收看直播，看到小贺站在领奖台的那一刻，他终于意识到自己失去了什么。

人想要取得成功，必须要付出代价和时间，这个时间可能很短，但也可能很长，长到你可能会坚持不下去。这个时候就需要毅力的支撑了。失去毅力其实很简单，但是这都只是借口，我们既然想成功就不应该为失败找借口，为应该为成功找理由，像小贺那样，坚持下去，保证毅力不倒。

无论我们是想出人头地，还是想做最好的自己，我们都需要毅力。只有毅力不倒，我们才能吃得苦中苦，成为人上人；只有毅力不倒，我们才不会中途

放弃，坚持走向成功。

人生点睛

吃得苦中苦，方为人上人。既然已经选择了远方，选择了奋斗，那么即使煎熬、即使苦点，也请朝着目标走下去。中途放弃不但什么也得不到，曾经付出的那些苦也会随风消逝，什么也留不下来。与其这样什么都抓不住，我们为什么不再坚持一下，争取熬出头呢？

成功都是用汗水浇灌出来的

高尔基说过：“天才就是劳动。”海涅说：“人们在那高谈阔论天才和灵感之类的东西，而我却像首饰匠打链那样精心地劳动着，把一个个小环非常合适地联结起来。”我们常听人说，成功是百分之一的天才加百分之九十九的汗水，可见，没有谁的成功是不流一滴汗、轻轻松松就能达成的。成功没有捷径可走，必须脚踏实地，一分努力一分收获。

付出才会有收获，就像辛勤耕作的农夫，天天耕耘，努力付出，自然会得到应有的成果。试想一下，如果一个农夫撒下种子之后，便任由秧苗生长，即使杂草丛生，土壤干涸也置之不理，那么到了秋收时节，他又怎么能看见丰收的景象呢？古今中外，每一位成功者手中的鲜花，都是他们用汗水和心血浇灌出来的。

司马光小时候是个十分贪睡的孩子，为此他没少受老师的责罚和同学的嘲笑，在老师的谆谆教诲下，他下定决心一定要把这个恶习纠正过来。为了能早早地起来，他睡前喝了一大杯水，但是还没等被尿意憋醒，他就已经先尿床了。后来聪明的司马光想到了一个好方法，用圆木做一个警枕放在床上，这样早上一翻身，头就会落到警枕上，自然也就惊醒了。虽然头总是被砸得很痛，但是从那开始，他再也没赖过床，每天都早早起来读书，坚持不懈，最后成为了一个知识渊博的大文豪，写出了中国第一部编年体通史《资治通鉴》。

达·芬奇是欧洲文艺复兴时期著名的画家之一。他从小就十分喜欢画画，为了培养他，父亲把他送到了意大利的名城佛罗伦萨，拜名画家佛罗基奥为师。佛罗基奥让他从画鸡蛋开始。这是个十分枯燥的过程，他画了十几天，已经画了上千个鸡蛋了，但是老师仍旧没有叫他停下来。老师看他很不耐烦，于是语重心长地对他说："画鸡蛋可不是件简单的事情，1000个鸡蛋里面，没有哪两个鸡蛋是完全一样的，而且每个鸡蛋只要换一下摆放的角度，看到的就又是不一样的了，所以要想把鸡蛋完整地在画纸上表现出来，得下一番苦功夫不可。"达·芬奇明白了老师的用心，开始认真学习素描，经过长期的艰苦勤奋之后，终于创作出了不朽的名画《蒙娜丽莎的微笑》。

每个人生下来的时候都是一样的，天才之所以是天才，也是靠他们坚持不懈的努力和勤奋换来的。如果后天不努力，即使一开始有一定的天分，最后也会把这点才华耗尽，成为碌碌无为之人。就像王安石《伤仲永》里的仲永一样，虽然天分极高，但是因为后天不努力，白白浪费了天资，成为了和普通人没什么两样的人。

要想成才，就必须努力，而且是坚持不懈地努力。实践告诉我们，成功光顾的永远是那些为了梦想不懈努力、付出了汗水的实干家。

人生点睛

要想成功，光依赖天分显然是不够的，因为即使是天才，一直不动脑子，不继续努力，脑子最终也会"生锈"，和普通人无异。所以要成功，还得脚踏实地，坚持不懈地努力，做实事，做出成绩，付出辛劳和汗水才行。

第04章 今天的隐忍克制，是为了成就将来更好的你

谁都会有不开心的时候，谁都会有想要爆发的时候，但是谁都知道发脾气、出一时的恶气并不能解决问题。如果连一点小小的委屈和误解都不能忍受，非要争个输赢出来，那么注定是很难有什么大成就的。要时刻记住，你能把忍功做到多大，你将来的事业就能成就多大。

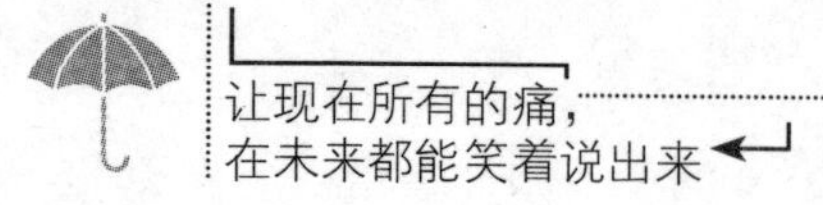

忍是人生永不败北的策略

忍是一种眼光，是一种胸怀，是一种智慧。古语云："忍一时风平浪静，退一步海阔天空。""忍"在某种意义上其实是中国传统文化的精华，而且忍在我们生活中也是必不可少的。

俗话说："小不忍则乱大谋。"但实际上，大多数人之所以不开心、不成功，都是因为在小事上不能忍，随意发脾气，自己跟自己过不去。可在社会中生活，不如意之事十之八九，任何人都是不可能完全由着自己的性子生活的。如果学不会忍，不但会让周围的人不开心，自己最后也会吃苦头。

隋朝的时候，因为隋炀帝残暴的个性，各地农民起义一直没有断过，后来，就连许多隋朝的官员也纷纷倒戈，去支持起义的农民了。隋炀帝的疑心因此不断加重，对朝中的大臣，特别是蕃外的重臣，更是防得十分厉害。

唐国公李渊(唐太祖)当时曾数次担任中央官和地方官，每到一个地方，李渊都会结交当地的英雄豪杰，和他们做朋友，而且多方树立恩德，因而有很高的声望，归附他的人也越来越多。时间一长，大家不免都替他感到担心，担心他会被隋炀帝猜忌而遭到不测。而就在这时，李渊接到了隋炀帝让他到行宫觐见的诏书，因为生病，李渊未能前往，隋炀帝很不满意，心里也开始多多少少有了一些怀疑。当时，隋炀帝的一个妃子是李渊的外甥女王氏，隋炀帝看似无意地向王氏问起了李渊未能来朝见的原因，王氏回答说："生病了。"隋炀帝接着问道："会死吗？"

王氏把她和隋炀帝的对话原原本本地告诉了李渊，李渊听后变得更加谨慎了。他知道隋炀帝迟早会因为容不下自己而杀了自己，但是现在还不是起事的最好时机，只好隐忍等待。于是，他故意把自己的名声搞坏，不仅整天过着声

色犬马的生活，而且还四处张扬，十分高调。隋炀帝听到传来的这些消息，果然不再防着他。就这样，李渊得以保存实力，积蓄力量，也才有了后来的太原起兵和大唐帝国的建立。

佛说："凡事都需要一个'忍'字，忍他人之不能忍，方能成为人上人。"试想一下，如果李渊知道隋炀帝对自己的猜忌后，沉不住气，在还没有准备好的情况下起事，还能顺利地建立大唐帝国吗?

人的一生是奋斗的一生，在奋斗的过程中，肯定有胜有负，有得有失，如果不具备忍耐的胸怀，在失败的时候不能学会释放自己的情绪，强行地逞一时之快，那么注定是一事无成的。

忍有时是环境和机遇对人性社会的要求，有时则是心灵深处对魔邪的一种自律。学习忍，是人生的谋生课程，只有学会忍，人才能真的成熟。

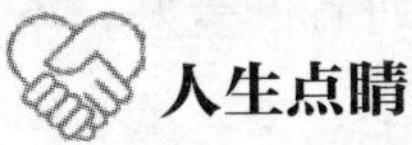

人生点睛

别人能忍的，我要忍；别人不能忍的，我更要忍。但忍并不是压抑自己，而是淡化情绪，让负面的东西慢慢消失，如果只是一味地压抑，这并不是忍，因为一旦有一天再也忍不住了，只会发生更严重的后果。

做一个懂得低头的人

对于一些人来说，都是抬头容易低头难，尤其是血气方刚的年轻人，低头就更难了。因为他们认为这根本不是一个热血的年轻人该做的，年轻人就该勇敢无畏地往前闯，即使头破血流，也没有关系，因为这才是青春该有的样子。但事实证明，这种想法其实是错误的。

低头并不是自卑，反而是一种智慧，古人说："不耻下问"，这也是一种低头，但却能让你收获更多的东西。大树在下暴雪的时候，如果不懂得低头，就不能抖落树枝上的积雪，就会被寒冬打垮；在石砾遍布的戈壁滩上的石缝中生长的小草，如果不懂得低头，就会失去活下去的希望；在狂风暴雨中，如果花朵不懂得低头，就可能被夺走娇弱的生命，再也看不到美丽的太阳。人也是这样，虽然过于圆滑世故不好，但是过于方正，遇到问题不懂得适时低下头颅，那便不能以退为进，掌握主动权。

很久很久以前，有个对生活感到十分失望的年轻人来到法门寺，拜访住持释圆。

“大师，我一心想拜师学丹青，但是走访了大半年，却没找到一个令我满意的师傅。”年轻人失望地说。

“你花了那么久的时间，居然没找到一个可以做你老师的人吗？”释圆大师问。

“是啊，那些人都是虚有其表，是被捧出来的，有的技艺还不如我呢！”年轻人很肯定地回答。

“既然如此，那施主的技艺一定很不错了，我素来有收藏丹青的爱好，不知施主可否留幅墨宝给老僧？”释圆大师说完，吩咐人拿来了笔、墨、纸、砚给年轻人。

年轻人摊开纸，又听见大师说：“老僧还有一大爱好就是品茗，不如你画一只茶壶和茶杯赠与我吧。”

“这还不容易。”年轻人听了，很快便在纸上画好了一只倾斜的茶壶和一只放在桌上的水杯，茶壶里的水正在往外流出，栩栩如生。可是释圆大师看完却皱了皱眉头说：“施主把茶壶和茶杯的位子画错了，应该茶壶在下，茶杯在上。”

“大师真是糊涂了，茶杯怎么能在上呢？茶杯只有在下才能接住茶水呀！”年轻人十分不解，但还是仔细解释道。

“原来你也懂这个道理呀，你渴望像那些丹青高手拜师学艺，但你总把自己放在一个很高的位置，但人要把自己放低，才能吸纳别人的智慧和经验啊！”

山外有山、人外有人，如果我们都像故事里的年轻人这样，不懂得低头、不懂得谦虚，是学不到东西的。我们在当今这个纷繁复杂的社会中生活，面对各种诱惑和困难，更要学会低头审视自己，不能只顾着往前冲，而不总结失败

的经验教训，最后让自己摔大跟头。

低头并不是自卑，它是人们想要战胜困难时的一种理智的忍让；低头也不是为了倒下，而是为了更坚定地抬头向前。懂得低头的人，才能真正成就一番大的事业。懂得低头，不是委曲求全，窝窝囊囊做人；而是通过少惹是非、少生麻烦的方式，绕过障碍，减少人生不必要的负面消耗，从而更好地展现自己的才华，发挥自己的特长。

人生点睛

低头并不意味着就是失败了，它只是为了让我们能得到一个暂时缓冲的空间，积蓄能量。没有人是永远高高在上的，你很聪明，但是肯定还有比你更聪明的人，所以适时低头，其实也是为了学习，然后再出发。要知道，做人的姿态低一点，一定可以让我们的人生之路走得更平稳，坎坷更少一些。

别让“忍不住”害了你

《尚书》中周成王告诫君臣说：“必有忍，其乃有济；有容，德乃大。”说的就是人必须有忍耐之心，才能办大事；必须有宽容之心，才会有很高的德行。孔子说：“小不忍，则乱大谋”“君子无所争”。老子曰：“天道不争而善胜，不言而善应。”可见，隐忍谦让自古以来就是中华民族的传统美德。

有所忍才能有所成，就像孔子曾经告诫子路时说的：“牙齿因为坚硬所以易被折断，而舌头则因为柔软所以易于保存。柔软可以战胜刚硬，弱小不一定就败给强大，一味地逞勇好斗必定会带来损伤。与人交好的最好方式就是忍耐与宽容。”

东汉华阴人刘宽十分有涵养，性格温和宽厚。有一次他乘牛车去外面办事，正好碰见有人在找遗失的牛，眼见着那人找到自己这里来，刘宽也没有生气，而是什么都没说，默默下车和随从一起走回了家。后来牛的主人找到了自己的牛，十分愧疚，把牛还给刘宽时，叩头谢罪说：“我很惭愧，愧对长者，愿听凭长者处置。”刘宽既没骂他，也没罚他，反而很平静地说：“世上的牛，本就长得差不多，难免会有认错的时候，现在还劳烦你送过来，这又有什么好谢罪的呢？”邻里乡亲知道这件事情之后，都佩服他的宽容与忍耐之心。

宋代的高防被派遣到澶州，给澶州防御使张从恩当判官。刚上任，张从恩手下就有个名叫段洪进的军校盗用公家的木材做家具。张从恩大怒，想把那个姓段的屠杀掉。段洪进为求活路，就撒谎说：“是高防让我干的。”张从恩就问高防有这事吗？高防为救人一条活命，就认了。结果段洪进没被杀，可张从恩不再信任高防了。他给高防十千铜钱和一匹马，打发他回家。高防也不辩解，便辞别了张从恩和部队走了。张从恩觉得不对劲，半道上又派人把他追回来。到了年底，张从恩的亲信终于了解到事情的真相，于是张从恩才知道高防是替别人承担了罪过。张从恩非常感慨，从此对高防更为看重。

经常会在电视里或网上看到这样的新闻：×××和人发生争执，一时冲动，将人打伤。又如×××不顾亲人劝阻，非要找人争个你死我活，最后付出了惨重的代价。试想一下，如果他们能像刘宽和高防一样，懂得忍耐和宽容，而不是忍不住自己的脾气，由着性子来，那么很多悲剧是不是可以避免。

我们在社会中生活，总会遇到不喜欢的人或事，会不开心、不满，这都是很正常的，年轻人又正处血气方刚的年纪，很容易冲动。但是做任何事之前，请先想一想，你的行为会造成什么样的后果，可以解决问题吗？冲动行事或发脾气发泄一把，问题就会迎刃而解吗？如果不能，那就请克制自己的情绪，别让冲动害了你自己！

人生点睛

每个人都有脾气，但并不是有脾气就一定得发出来，因为发脾气本身并不能解决任何问题，反而还会给自己带来一系列的负面效应。遇到事情先别急着发作，忍一忍，其实也是在心中给自己一个调节的时间，让自己冷静下来，再处理事情。

不生气，才能赢得明天

生气属于人类负面情绪中的一种，由于人与人之间个体的差异，难免会发生一些摩擦和争吵，偶尔情绪激动、生气实属正常。但是如果我们一直让自己沉浸于这种负面情绪中，任由自己生气、暴躁，那么就会损害自己的身体，影响身心健康。要想让自己不生气，也不惹人生气，最好的办法就是宽容、忍让。如果我们在生活中能克制自己的怒气，不乱发脾气，那么我们就能赢得别人的尊敬，生活也会变得更顺利。

牛小花高中毕业后从农村来到城里，在一家四星级酒店找到了一份服务员的工作，虽然是酒店里最底层的员工，但是小花觉得，自己什么文凭也没有，能被这家酒店接受已经很荣幸了，所以她很开心。和小花一起进入酒店工作的还有一个女孩——姜丽丽，姜丽丽人如其名，长得十分漂亮，很受大家的喜爱，因此变得有些娇纵。

国庆节时，酒店接了一个旅行团的单子，大家一下子变得忙碌起来。旅行团到的第二天，发生了一件大事，所有服务员都被叫到了办公室。原来有个客人的戒指不见了，这个戒指是她昨天刚和朋友在商场给母亲买的礼物，价值不菲，一时间整个房间的气氛都变得紧张起来。最后经过排查，昨天进入那个游客房间打扫的只有牛小花和姜丽丽，于是经理把两个人留下来，说要仔细盘查。虽然两人都极力证明自己没有拿游客的东西，但是经理还是不完全相信，而且客人还在等待查的结果呢，经理没办法只能搜查了牛小花和姜丽丽的行李，意料之中，什么也都没找到。牛小花觉得自己冤屈洗清了，很开心，但是姜丽丽却不这么想，她觉得那个游客就是看不起她们做服务员的，故意找她们茬儿，私底下大骂了她一顿才解气。这时候两人又接到了酒店的通知，先停职休息一周，等安抚了这拨客人再回来上班，这下姜丽丽彻底不干了，跑到经理那里大吵了一顿，也不管经理的解释，就跑到酒店大声嚷嚷，说酒店不管员工死活，要让大家看看酒店的真面目。

一周后，客人离开时收拾行李找到了自己的戒指，牛小花回来上班，因为表现好，被经理升为了组长，但她却听说姜丽丽被辞退了。原来那天姜丽丽发脾气、大闹一场之后，让酒店形象严重受损，而且经理认为她控制不住自己的情绪，迟早会惹出大事，因此以她不适合这份工作为由，辞退了她。

很多时候，人都很容易受外界环境的支配，只要稍微有点不如意就会生气，生活中一点鸡毛蒜皮的小事，也会大动肝火，失去理智地大闹一场，就像故事中的姜丽丽一样，本来都已经快要解决的事情，经理这么处理也只是为了给客人一个交代，但她却想不明白，发泄了一通，不但没有解决问题，反而丢了工作。其实生活的压力、工作的困难、人与人之间的摩擦、不被人理解、与人不和这些问题都是我们生活中再平常不过的事了，几乎天天都在我们身边上演，关键是我们怎么化解它，如果只是一味地生气，那么不但不能解决问题，甚至还会使矛盾激化，让事情越来越复杂。但是如果不生气，不急不躁，努力想办法解决问题，那么生活也会更顺利、明天也会更美好。

俄国大文豪屠格色夫曾劝告与人争吵、情绪激动的人：“在开口之前，先把舌头在嘴里转十圈。”因为生气就像一把刺伤自己健康的利剑，它伤害的不一定是你的敌人，但它却会逐渐侵蚀你的健康。生气就像一块向下的滑板，如果被它支配了你的生活，那么只会让你一直陷入绝望的深渊。但是如果你可以不生气、豁达乐观，那么你的人生将充满信心与勇气，也就会更盼望美好的明天了。

人生点睛

不生气，并不是让我们把怒气憋在心里，这样迟早有一天会憋不住爆发，反而会更可怕。所谓不生气，是指换一种方式，在心中把这些负面情绪化解，积极想办法解决问题。对于别人的误解，多宽容、多忍让。

不要让愤怒“控制”自己

每个人都不可避免地会与人发生摩擦、产生误会甚至是仇恨的时候，但是

万万不可因为愤怒就失去了理智，应该学会用宽容和忍耐来淡化自己的怒火。俗话说得好，忍常人之所不能，方能成就别人之所不能。不要一遇到不好的事就情绪高涨、大打出手，这样只会让事情恶化。只有学会忍耐，我们才不会成为愤怒的奴隶，才能从容地做自己。

忍耐是一门生活艺术，只有学会忍耐，你的人生才能少走一些弯路，生活才会较平稳，才能在人生道路上走得正确。如果我们不能控制住愤怒的情绪，而是任由它摆布，怒火就会困住你的自由和活力，让你无法张开双臂在理想的王国翱翔，严重的话甚至还会因失去理智丢了性命。

非洲草原上有种吸血蝙蝠，它们常常会叮在野马的腿上吸野马的血，不管野马怎么愤怒、狂奔，它们就是拿这小小的东西一点办法也没有，不少野马都因为这样被活活折腾死了。科学家后来研究发现，吸血蝙蝠吸的血量其实极少，根本不足以置野马于死地，野马真正的死因是暴怒和狂奔。

所谓愤怒其实就是拿别人的错误惩罚自己，是对自己很有损的行为。就像野马一样，因为愤怒而丢了性命。人也是一样，只有学会管理自己的情绪，让自己远离愤怒，才能不让自己再忍受精神上的痛苦，也只有这样，人才能真正地做回自己，不被坏情绪摆布。

有个叫爱地巴的人，只要生气了就会跑回家，绕着自家的房子跑三圈。后来他们家的房子越住越大，土地也越来越广，绕着房子跑一圈都会累得气喘吁吁，但是只要一生气，爱地巴还是会绕着房子跑上三圈。

爱地巴的孙子对这种行为十分不解，于是问道："爷爷，您一生气就绕着房子跑步，这里面有什么秘密吗？"爱地巴回答说："年轻的时候，我不管是和人生气了还是吵架了，只要绕着咱家的房子跑三圈，然后边跑边想，我的房子还这么小，土地也才这么一点点，哪里还有时间和精力拿来跟人生气呢？想到这，我的气也就消了，这样我学习和工作的时间也就更多了。"孙子又问他："爷爷，您现在老了，而且已经是有万贯家财的富翁了，为什么还是要绕着房间跑呢？"爱地巴回答说："老了不代表我不会生气了呀，只要生气了，我依旧会绕着房子跑上三圈，边跑我就边想：'我的房子这么大，土地这么广，拥有的已经很多了，为什么还要跟人计较呢？'想到这儿，我的气也渐渐消了。”

每个人的心中都有一座火山，幼稚的人心里装的是活火山，随时都可能因愤怒而大发雷霆、失去理智，狰狞的面孔、不理智的话造成的伤害就像火山爆发留下的痕迹一样，经过数十年的岁月也难以消除，会一直给人留下不好的印象。而成熟的人心里装的则是一座沉睡的火山，因为他们知道用其他的途径来释放心中多余的热量，就像爱地巴一样，生气了就去跑跑步，多换几个角度思考，心里自然就开阔了。

人生点睛

一旦我们被自己愤怒的情绪控制了，那么很容易就会做出出格的事情来，等到事情做了再后悔，就已经来不及了。不要受愤怒的控制，其实也就是让我们学会做自己情绪的主人，不要被自己的小情绪牵着鼻子走。

学会忍耐，方能成就大业

一个人不经历痛苦，不甘寂寞，不能忍受忽视和平淡，是不可能成功的。人只有经过常人都不能忍受的痛苦的洗礼，才能不断向成功靠近。很多人之所以一辈子平庸、碌碌无为，大多数并不是因为机遇和才能，平庸的人也曾辛苦地付出过，只是他们比那些成功的人少了那么一点坚持和忍耐。

要想成功，忍耐是必不可少的功夫，许多时候，在同等的条件下，能不能成功，往往比的不是智慧的高低，而是看谁的忍耐力更强。

李立和黔西都是地质大学的学生，大学毕业后，两人都被分配到了海上油田钻井队工作。海上工作的第一天，领班让他们分别带着一个盒子，在规定的时间内爬上十几米高的登井架，把盒子拿给正在井架顶层作业的主管。李立和黔西听到安排后，立刻出发，迅速往登井架顶端爬去。当他们气喘吁吁爬上登井架顶端，把盒子交给主管之后，主管只在上面签了个名字，就把盒子还给他们，让他们给领班。他们于是快步走下舷梯，把盒子交给了领班，没想到领班

同样在上面签了个名之后，又要他们交给主管。

就这样两人来来回回跑了三遍，等到两人终于平复呼吸，站到主管面前时，主管终于打开了盒子，但是盒子里装的并不是什么重要的东西，而是一盒咖啡和一包咖啡伴侣。两人都有点莫名奇妙，尤其是黔西，已经开始用愤怒的眼神瞪主管了，但是还没等他发作，主管又让他们拿着这些去泡一杯咖啡上来。李立虽然不解，但想着主管肯定是有自己的原因，便带着自己的盒子下去泡咖啡了。但是黔西却怎么也忍不住了，“啪”的一声把咖啡盒摔在了地上，说：“我不干了！你们这样戏弄我们实在太欺负人了！”终于发泄出来，黔西看着地上撒落一地的咖啡，觉得很解气。

这时主管走到黔西身边说：“你可以走了，不过，看在你辛苦来回跑了这么多趟的分上，我可以告诉你这么做的原因。刚才领班和我让你们做的这些，其实叫‘承受极限训练’，因为我们的工作是在海上，随时都有可能遇到危险，这就要求每一个队员都必须有极强的抗压能力，能抗住各种危险的考验。我很遗憾，你已经经过了前三次的测试，只差这最后一点点，你就可以喝到你为自己冲的咖啡了。”黔西懊恼地下舷梯之后，就看到领班和李立正坐在一个小桌边喝咖啡，很显然，李立通过测试被留下来了。

一个人想干成任何大事，都必须学会忍耐。说起来，忍耐一时并不难，难的是能够持之以恒，直到最后成功。不善忍耐的人，遇事情不顺时，只顾发脾气走人，就像黔西一样，虽然图了一时的痛快，但也实实在在失去了好机会。

忍字头上一把刀，忍耐会有痛苦；忍字下面一颗心，忍耐会受煎熬；忍耐就好似手刃自己的心，需要时间等待伤口慢慢愈合；忍得头上乌云散，拨开云雾见阳光。

人生点睛

忍是我们每个人必须学会的一项生存技能，是我们为人处世的时候一定要首先学会的。尤其当我们还只是初出茅庐的社会新人时，更是事事需要忍，时时需要忍，只有这样你才能学到东西。

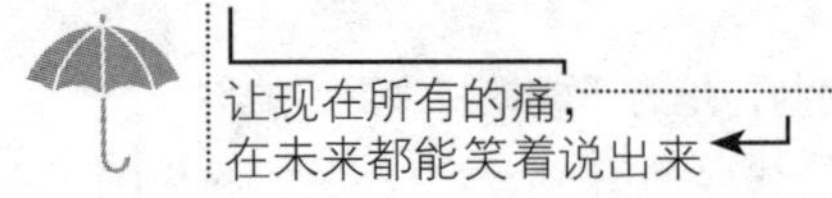

聪明人知退让，懂屈伸

知退让，懂屈伸。其实是以退为进，但退绝不是指退步，也不是让人退缩，而是暂时放慢脚步，为继续向前行进奠定基础。古人云：立身高于人，处世知退让。我们在社会上生活，难免会有与人发生争执的时候，这个时候如果不懂得退让，而是一味向前，不但解决不了问题，反而会加重矛盾。但如果各退一步，既淡化了矛盾，还能化敌为友，何乐而不为呢？

中国古代有句谚语：君子之心，可大可小；丈夫之志，能屈能伸。正是说人要有肚量，能屈能伸。大多数人之所以不懂“屈”，大多是因为误解了“屈”的意思，认为屈就是委屈自己，是怯懦的表现，但是许多事实证明，并不是这样的。

张良在博浪沙谋杀秦始皇的计划失败之后，逃到了下邳。一天他正在镇东的桥上遇到了一位白发苍苍、留着很长的胡须、手上柱着拐杖、身穿褐色衣服的老人。老人的一只鞋掉到了桥下，见张良走过来，便让张良帮自己捡起来。张良心里很不爽，心想你是谁，凭什么要我帮你捡鞋，可是一看到老人年老体衰，而自己身强体壮，便不再计较，帮老人把鞋子捡了起来。谁知道刚捡起来，老人又要张良给自己穿上。张良想都捡起来了，帮忙穿一下也没什么，于是蹲下身子，拍了拍鞋子上的泥，仔仔细细地帮老人把鞋穿上了。老人笑了笑，也没道谢，站起来就走了。张良虽然觉得奇怪，也没多想，正准备转身离开，老人忽然叫住了他，说：“五天以后天亮的时候来此桥相会。”

张良不知道老人要干什么，但是第五天天一亮还是带着好奇心去了，结果没想到老人早已经到了，老人很生气地说：“跟老人有约定还要迟到。过五天再来吧！”说罢转身就走了。第二次的时候张良天还没亮就去了，结果还是比老人晚了一步，老人什么也没说，只叫张良过五天再来。第三次的时候，张良前一天晚上没有睡觉，他想着再也不能比老人晚到，于是不到半夜就早早来到桥上等候。老人来了之后，见张良已经在桥上等候，十分满意地说：“就是应该这样。”然后拿出一本《太公兵法》交给张良，说，“你只要熟读此书，将

来可做帝王的老师。张良得到兵书后，日夜专研，潜心苦读，最后成了满腹韬略、智谋超群的开国名臣。

张良克制自己的不快，为老人拾鞋、穿鞋，看上去好像很窝囊，但这并不是软弱的表现，而是因为他知退让，懂屈伸。试想一下，如果张良没有克制自己的不快帮老人捡鞋，而是转身就走，那么他还能得到兵书吗，还能实现自己的抱负吗？

其实我们在生活中也是这样，会遇到很多让自己感到扫兴甚至是难堪的事，如果不能知退让，而是什么事都强出头，那么最后吃亏的只能是自己。

年轻人正是血气方刚的年龄，谁还没个任性的时候，谁还没点小脾气呢？但是不懂收敛，发泄过后你会发现，很多事情其实并不算什么，根本不值得发脾气，而且发脾气显然不是最好的解决方法。假如我们能像张良一样，在该退让的时候克制自己，不但能多交一个朋友，说不定还能为自己带来意想不到的惊喜。

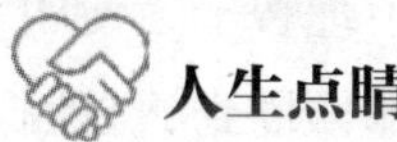

人生点睛

浮躁的社会环境造就了现在年轻人浮躁、不安的心，遇事冷静下来、多思考，该退让的时候多退让，你会发现，只要能为今后的成功铺路，这些所谓的退步、委屈求全其实并不算什么。

以退为进，宽容大度揽人心

《菜根谭》里有这样一句话：“人有顽固，要善化为海。如奋而疾之，是以顽济顽。”意思是说每个人都会犯错，但是没有几个人能心甘情愿地接受别人不管不顾的指责和批评。就算犯错误的人承认错误，也会因为这种指责和批评而更加愤怒，不仅不承认错误，还会用更加激进的方式来表达自己的不满。

与人相处时，如果事事较真，一旦对方做了什么对自己不好的事便针锋相对，势必会四周树敌，导致自己寸步难行。但是如果我们能宽容大度，以退为进，当别人犯错误时，主动宽容对方，这样即使对方嘴里不说，心里也会对你充满感激，不仅不会再犯同样的错误，而且会更体谅你，甚至找机会报答你。

王总是当地最大的电子公司的总裁，同行一提到他都免不了要夸赞他身边的秘书小王。小王和王总同姓，又来自同一个地方，小王从王总创业之初就一直跟着王总，所以两人默契十足。

但是今天小王却惹王总生气了，因为王总招待贵宾时，招待工作一直是小王负责的，但是今天王总招待一个大客户时，小王却一直没有露面，就连后来谈完合同去订好的饭店吃饭，小王也没有像平时那样，提前调查好客户的口味和喜好，而是很随意地点了饭店里面比较有名的几道菜，最后客户很不开心，因为其中一道菜里有他很不喜欢的芹菜。客户认为他们这是不尊重合作的对象，所以拂袖离去。

丢了一单这么大的生意，大家都以为王总一定会大骂小王一顿，以作惩戒。事实上王总一开始确实是这么想的，但是后来他忽然就想明白了，这么长时间，小王从来没有失误过，如果不问原因，就骂他实在是太不理智了，便叫来小王，询问他这么做的原因。原来小王这次之所以没像之前那样周到，是因为家里出了事，耽搁了。虽然为了家庭琐事耽误工作有点说不过去，但是王总并没有说什么，反而宽慰小王，不要担心公司的事，家人的健康才是最重要的。

因为王总的信任和大度，小王十分感动，对待工作比以前更认真了，王总身边的那些大老板都很羡慕他能有一个这么值得信任的助手，纷纷跑来向他讨教收揽人心的方法。王总哈哈大笑说，你们说得没错，小王的确是非常得力的助手，我是用信任和宽容打动他的。

王总能够不计较小王一时的失误，用友善和真诚来对待他所犯下的错，正是因为他有一颗宽容之心，给了小王为自己解释的机会，小王觉得被尊重了，自然也就更敬重老板了。

当生活中有人故意给我们使绊子，与我们为敌时，不要先想着怎么对付对方，而是应该试着宽容对方。当我们主动做出让步，从这场针锋相对里先退出来，在忍耐中主动示好，那样既可以化解矛盾，也能给人台阶下，相信只要是明事理的人一定会把这份情记在心里的。

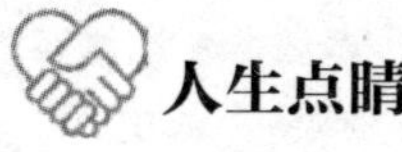

人生点睛

在宽容他人的过程中也要注意态度和方法，首先，不能只是表面上的宽容，也就是表面原谅了对方但是背地里却还是一直拿这件事说事，这样不但会让对方更生气，还会起反效果，让对方更想跟你对着干了。其次，千万不要站在一个说教者的角度，对人指指点点，用命令的语气与人说话，这样同样会招致对方反感。最后，应时刻注意维护他人自尊、给人一个容易的台阶下、用真诚友善的态度去做这件事。

第05章 永不放弃，你想要的都会到来

那么多的人都在努力，都在为自己的梦想拼搏，但是成功的却只是很少一部分人，难道没有成功的人就是白白努力吗？当然不能这么武断，只是对每个人来说，成功到来的脚步不一样，有的人可能会早看到结果，而有的人则会很晚，但这并不代表他们就失败了，只要坚持不懈，不放弃努力，愿意在成功到来之前，养精蓄锐，等待时机，相信自己，一切都会及时来到。

你只是还没有成功，并不是失败了

其实很多时候，失败离成功只有一步之遥。失败的人把每次挫折、打击都当成失败，所以会被挫折打击得再也站不起来，而成功的人则是直面挫折、永不言败。

一个大企业家回自己的大学给大学生演讲，在提问环节，有个大学生向他提了个问题："您作为一个成功的企业家，能不能告诉我们一条能直接通往成功的道路，让我们少走些弯路呢？"

大企业家笑了笑，然后严肃而又认真地说："不能，成功就像登山，是不可能直接走到头的，要想成功，必须不怕挫折，直面困难才行。"

人生在世，都会有跌入谷底的时候，越是这种时候，我们越是要打起精神，心中充满希望。如果一遇到困难就一蹶不振，觉得世界就要崩塌了，那还何谈成功呢？大家常说，心情不好喝水都会塞牙缝，其实就是这个道理，所以千万不要让自己陷在这种消极、挫败的情绪里，时刻保持开朗、积极的心情，坦然、乐观地看待人生路上的坎坷和挫折，成功就在不远处向你招手。

举世闻名的发明大王爱迪生12岁那年意外患上了严重的失聪症，几乎听不到外界的声音，面对这个灭顶的打击，爱迪生并没有感到绝望，他想外界的声音对自己并不重要，现在听不到了，自己正好可以安静下来学习、做研究。于是爱迪生放下这些，专心致志学习。

爱迪生生活的那个年代，人们使用的都是戴维和法拉第发明的一种叫作电孤灯的电灯，这种电灯泡虽然比一般的煤油灯用起来方便，但是十分浪费材料，而且很容易坏掉，用着不是很划算。爱迪生于是决定要发明一种能够耐用的光线明亮的灯泡。为此，爱迪生在实验室进行了无数次实验，试用了许多种

材料，但都以失败告终。不但这样，周围的人也开始对爱迪生冷嘲热讽，认为他根本是在做白日梦。不过爱迪生并未受这些外界因素的影响，继续做着实验，终于，在尝试了超过六千多次的实验，经历了无数次失败之后，发现了钨这种材料，发明了钨丝电灯泡，为全人类的光明事业做出巨大贡献。

爱迪生的故事再次向我们证明了一个哲理：失败乃成功之母。大多数人的人生都不是一帆风顺的，难免会遇到各种挫折和困难。但是面对挫折的态度不同结果也不同。被挫折打败，向困难低头就只能失败。而直面失败，把每一次挫折都当作挑战，在心里默默对自己说，这些失败不算什么，它们只是你成功路上的垫脚石而已。要记住，关键时刻，能扛得住压力，不让自己一蹶不振，十分重要。

成功的路上不只有鲜花和掌声，还会有挫折和嘲讽，咬牙忍住这些挫折与磨难，就能笑着迎来鲜花和掌声。

人生点睛

失败和成功的界限到底在哪，没有人知道，有可能成功就跟着失败的脚步。挫折、失败都是我们人生必经的过程，但它们绝不是终点，只要你不放弃努力，坚持下去，成功一定会到来。

耐心等待，该来的迟早会来

人的一生，有很多时候都需要等待，等待长大，等待父母对自己的认同，等待成功，等待……但是所谓等待并不是说守株待兔、无所事事，而是审时度势，在等待中积蓄能量。

我们都知道拔苗助长的故事，故事里的农民很想地里的秧苗快快长大，于是每天都去地里看一遍，但是好几天过去了，秧苗依旧没有长高。农民十分发愁，不过他很快想到了一个“好办法”，那就是每天把它们拔高一点点，这样看起来就更高了，但是好景不长，那些秧苗经不起折腾，很快就枯黄死掉了。

任何事物都有其自身发展的规律，唯有耐心等待，才能看到花开、看到结果。我们做好一件事情也是一样，太过浮躁或急于求成，都是不行的，必须有耐心。

非洲有一种大蟒蛇，虽然攻击力很强，但是由于体型巨大，所以移动起来十分不便。为了捕食，它唯一的办法就是待在大树下面作掩护，等待猎物从这边经过。等待的时间是十分漫长的，有时候一个星期也不会有猎物经过，但是蟒蛇知道，只要自己能耐心等待，等猎物一来，自己肯定能抓住它。

从表面上看，蟒蛇只能待在树下等猎物的经过，但是只有蟒蛇自己知道它其实时刻都在准备，等待猎物的到来。

公元前494年，吴伐越，大败越。越王勾践被吴国抓去当俘虏，给吴王夫差洗马三年。返回吴国后，勾践誓复吴仇，任用范蠡、文种等一批谋士，励精图治、发展经济，终于在公元前473年进攻吴国时，一举灭吴，进而迁都琅琊，窥视中原，会齐、晋等诸侯于徐州，并致贡周室，成为春秋霸主之一。

为了生存，蟒蛇可以在大树下一直耐心等待猎物的到来；为了复仇，越王勾践的等待期超过二十年，但他从未想过放弃，而是不断积蓄实力、等待爆发的一天。其实我们在工作中也是一样的，很多事情在短时间内你看不到结果，这时候千万不要放弃，坚持下去，耐心等待，总有一天成功会到来。

“冰冻三尺，非一日之寒；水滴石穿，非一日之功。”一直蚕从蛹蜕变成蝴蝶需要35天，橘子从开花到结果需要180天左右，一棵树从幼苗长成参天大树需要好几十年。这些看似漫长的等待过程，其实也是它们不断积蓄能量的过程。成功不是一蹴而就的，要想成功，我们就必须付出足够的耐心等待。但等待不是坐以待毙，更不是怨天尤人，它是前进路上的一次沉淀。

等待对每一个渴望成功的人都有十分重要的意义。人生舞台上，我们会遇到各种机遇和挑战，这时候，我们除了需要勇气和积极的态度，更需要学会等待、临危不乱。等待的过程虽漫长，却是我们韬光养晦、把握机会的好时机。

人生点睛

人生需要等待，但是这里的等待并不是我们平常所说的那种单纯地停在一个地方，然后静静地等，而是说我们应该遵循事物的发展规律，不必急于求成。等待的过程其实也是一个养精蓄锐，厚积薄发的过程。

藏锋守拙，在等待中成就大器

藏锋守拙是一种高明的处世智慧，但是生活中，大多数人往往不懂这一智慧，喜欢在人前表现自己，这样容易招人嫉恨、引人不满。古人说的“木秀于林，风必摧之；堆出于岸，流必湍之，行高于人，众必非之。”正是这个道理。

年关将至，××财务公司的年终大会如期举行，表彰大会上，被领导一直看好的员工小媛却并没有如预期那样被评选为优秀员工，虽然领导表示不解，但是小媛身边的同事却觉得这是意料之中的事。

今年26岁的小媛是名校毕业的高才生，今年年初进入××财务公司项目部的A组工作。因为学历高、工作能力强，刚进公司的第一个月，同事和领导都一致看好她。但是过了一段时间，就开始不断有人向部门经理反映，小媛这个人爱出风头，喜欢表现自己，尤其是小媛所在的A组，明明是整组人加班熬夜做出来的案子，但现在被她一说，功劳全成她自己的了，弄得整组人都很不开心。

一开始部门经理也没怎么在意，想着不能只听大家的一面之词，应该给小媛申辩的机会，决定亲自到办公室，看见A组的组长正在给大家开会，讲新的提案，但是还没等组长说完，小媛就已经迫不及待地站起来发言了：“组长，我觉得小周说的方向是不对的，这样既没有效率，也不保险，我看还是这样比较好……”接下来，小媛把自己的想法跟大家说了一遍。方案确实不错，但是她这样不管不顾打断组长的话，又直接打击别人方案的做法却引起了整组人的反感。

过了几天，公司准备集体出游，在选择游玩地点时，小媛再一次积极表现，不断推荐自己想要去的地方，这一次不只自己组的成员，就连另外两组的成员也开始对她不满了，觉得她太武断和自我了。所以到了年底的评选会上，没有人给小媛投票也在情理之中了。

看完小媛的故事，也许你会觉得大家太不理智，可生活中就是这样，太爱出风头、不够谦虚的人往往是讨不到好的。有才华是好事，但是过于炫耀自己的才华，强调自己的存在感就会引人反感，反而遭人嫉恨和轻视。

萧何、韩信等人都是帮助刘邦收复汉中的大功臣，却只有萧何一人明哲保身到了最后，甚至还受刘邦托付辅佐了刘邦的儿子惠帝刘盈。究其原因，正是因为萧何听取门客召平的建议，藏锋守拙，急流勇退，自污名节，解除了刘邦对自己的怀疑。

为人处世，要相信山外有山，人外有人。高傲自大、锋芒毕露是不会被大家所接受的。谦虚谨慎，在必要的时候，学会隐藏自己的锋芒。藏锋守拙，并不是懦弱和露怯，而是一种聪明的处世之道，是一种大智慧。

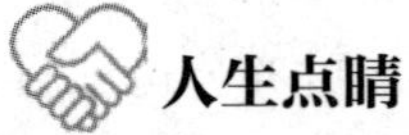

人生点睛

谁都想自己的才华能被看到，这是人之常情，也在情理之中。但是过分炫耀自己的才华，不懂得收敛自己的锋芒，那么注定是走不到最后的。就像宫斗剧里的嫔妃们，太过高调和锋芒毕露都是在宫斗的一开始就挂掉了。

埋进土里的种子，才能长成大树

不管是多名贵的树种，都必须埋进土里，忍受地下的苦闷、黑暗，才能享受阳光，生根发芽，长成参天大树。人也是一样，只有忍住内心浮躁的欲望，静下心来埋头苦干，才能有所作为，最后出人头地。

西汉开国功臣韩信，早年因为贫穷一直过着食不果腹的日子，一日他在街

上晃荡，淮阴屠户中有个年轻人侮辱韩信说：“尽管你长得很高大，身上也一直佩着刀剑，但是依我看，你根本就是个胆小鬼。”韩信没有回答他，他又当众侮辱韩信说，“你要是真的不怕死，就拿你的剑刺我；你要是怕死，就从我的胯下爬过去。”于是韩信上下左右认真地打量了他一番，然后弯下身子，趴在地上，真的从他的胯下爬了过去。满街的人都笑话韩信，认为他胆小。

故事很简单，但是真正读懂其中内涵的人却很少，甚至有许多人不理解韩信的做法，简直太没面子了，但是如果韩信要面子会是什么结果呢？屠夫明显强于韩信，那这样的结果就只能是再也不会有后来的大将军韩信了。韩信心胸宽广，懂得要想抬头得先低头，所以终成一番大事业。

“直木遭伐，水满则溢”，低头是一种做人的智慧，学会低头，可以让别人更容易地接受自己。与人相处，所谓“低”，就是可以控制自己，在不该出头的时候可以忍住。做人做事，如果不能学会在关键的时候低头，是很容易被现实打败的。

一个人如果心里装不下事，什么事都忍不住都想强出头，是不会有什么好结果的。这样不但事情会被搞砸，还会给人留下性情浮躁、靠不住的印象。就像一粒种子，要想长成大树，就必须先被埋在土里，忍受黑暗。人也是一样，想成功，必须先忍住内心的浮躁，沉得住气。

看过《三国演义》的读者，一定对诸葛亮三气周瑜的故事印象深刻。

第一次，孔明智激周瑜，如果攻不下，就由诸葛亮去攻，谁攻下归谁。南郡是曹仁防守的地区，结果周瑜中了毒箭，自己又强忍伤势用计诓出南郡守军，把曹仁杀得大败。但是诸葛亮却趁他不防备占领了南郡。周瑜止不住地恼火，气得金疮崩裂。

第二次周瑜向孙权献计，打算以替孙小妹招婚的名义把刘备骗到江东之后杀掉。但是被孔明识破，并告诉刘备妙计，不但使他娶了夫人，还被安全接了回去。在江上，孔明故意让士兵对江边的刘备喊：周郎妙计安天下，赔了夫人又折兵。周瑜再一次被气得压不住心中的怒气，结果箭创复发，昏倒了。

第三次周瑜想用“假途灭虢”之计，仍被孔明识破，结果周瑜气倒在地，大呼三声：“既生瑜，何生亮！”还没回到柴桑，在巴丘就去世了。

试想一下，如果既聪明又有才华的周瑜能心胸再宽广一些，不因为诸葛亮的羞辱而气急败坏，又怎么会被气得身亡呢？

没有忍耐力的人，遇事往往都会恼羞成怒，失去理智，行动永远是不经过深思熟虑，这样不但解决不了麻烦，反而会使麻烦像滚雪球一样，越滚越大，最终压垮自己。而遇事不冲动，能忍耐的人往往都有着宽广的胸襟，遇事冷静，不管是什么不顺心的事，都能坦然面对，这样即使不顺心的事也能巧妙化解了。

人生点睛

所谓忍受黑暗和挫折，并不是说一味地逃避和忍让。要记住忍也是在有原则的前提下进行的。如果已经是违背原则，使自身严重受损的事情，则需要拿起法律的武器好好捍卫自己的权利。

如果等不及，就有可能永远等不到

等待，实在是件很折磨人的事情，特别是在人很着急地想要达到目的时，哪怕是多等一分钟，内心的焦虑都会多增加好几倍。但事实上，很多事情都是需要等待却必须等待的，小到排队买票，大到升职加薪、成就事业。

大家可能都遇到过这种事情，左右两个窗口都在排队售票，站在左边的时候觉得右边快，于是换到右边，刚换到右边又发现左边的比刚刚快了……就这样循环往复，最后不仅浪费了时间，人也没有了耐心。其实回过头来想想，除非卖票的窗口出现故障，不然是不可能不排到自己这的，而所谓的旁边比这边快，很多时候不过是看起来快罢了。但很多时候，人偏偏就是这样，常常因为这些看似不必要的等不及，而浪费更多的时间，排队买票只是小事，不会因为你着急就买不到了。但是其他事情就不是这样了，比如工作、做生意，很可能会因为你一时的等不及，而永远地等不到。

在很久以前，有个村庄里面生活着两个小伙子，一个叫钱智河，一个叫

小汤圆，因为没有手艺，两个人的日子过得十分艰难。俩人都一心想着有一天能挣大钱，过舒坦些的日子。一日，他们在路上相遇了，两人不禁开始大倒苦水，说自己最近怎么怎么艰难。小汤圆说："我们不能再这样下去了，要想过上好日子，我们就必须学会一门手艺，只要手艺在手，就没什么好怕的了！"

"我也是这么想的，我看最近越来越多的人开始喜欢上喝酒，不如我们去学酿酒吧！"钱智河提议。

最后两人一拍即合，决定立刻动身去找以前村里的老人提到过的一位酿酒大师学艺。两人跋涉了一个多月，终于找到了酿酒大师。大师看他们很有诚意，便把酿酒的秘方传给了他们。两人回到家，准备好所有的材料，便开始等待大师说的七七四十九天的到来。日子一天一天过去，终于只剩一天就到四十九天，到了晚上，两人想着自己期待已久的美酒终于要酿好了，两人激动得一夜都没睡，耳畔一直回响着大师的话："到第四十九天清晨，第三声鸡鸣响后，酒就酿好了。"终于，第四十九天的第一声鸡鸣响了，钱智河迫不及待地打开了酒瓶的盖子，可他看到的只有一汪浊水，他后悔不已，但是来不及了，他不得不为他的等不及付出代价。而另一边，小汤圆家里，虽然小汤圆也十分好奇，但还是忍住了，直到第三声鸡鸣过后，才缓缓打开盖子，果然不出所料，酒香扑鼻。小汤圆掌握了酿酒的方法，凭借着自己的悟性和努力，在村里开了一家酿酒厂，后来生意越做越好，生活过得有滋有味。

等待，本就是行走中的一个环节，有时候甚至比行走本身还重要。一个人，能够默默忍受等待所带来的苦闷，把焦虑转化为历练，这不仅仅是手段，也是大智慧，如果你等不及，你就永远等不到，就像故事里的钱智河一样，功亏一篑。

人生点睛

等待，本应该是行走中的一个环节，有时候甚至比行走本身还重要。一个人，能够默默忍受等待所带来的苦闷，把焦虑转化为历练，这不仅仅是手段，也是大智慧，如果你等不及，你就永远等不到，我们要努力保持一个良好的心态。

给成功一点时间

著名作家余秋雨先生曾说：“一件东西，就放它走。它若能回来找你，就永远属于你；它若不回来，那根本就不是你的。”这话第一次见，你可能会觉得这种想法很消极，但仔细想想，很多事情确实是这样，未成熟的果实不会因为你时时期盼、天天浇水就会提早长得香甜，所有水到渠成的甘甜都需要顺其自然的耐心。这不是消极，更不是怯懦，等待时机的来临并紧紧抓住，这才是真正的智者。

古代有个教书先生，看到很多学生因为即将进京赶考，担心考试不中而焦虑得睡不着觉，便把他们叫到家里，跟他们说了一个自己小时候的故事。

“我还是孩童的时候，我们村子里每家每户门前都有一棵银杏树，那时候家里穷，于是每年银杏花开结果，就成了我那时候最盼望的事了。每次银杏果刚长出小果实，我就已经迫不及待摘了放进嘴里。

“大家都知道，那种还没成熟的小杏是最苦的，口感并不好，但是小孩子嘛，嘴又馋，所以还是忍不住要摘下来尝一尝，等杏开始变硬的时候，我已经开始大把大把地摘下来吃了。到了农历六月初，我们家杏树上的杏已经被我摘得差不多了，当我拿着我们家最后剩下的杏去和其他的小孩子交换着吃的时候发现，我家的杏虽然个头和别人家差不多，但口味却差远了，又酸又涩。

“后来我来到城里教书，再也没有机会守着我家的杏树，等着它开花结果。一晃十几年过去，去年我们村有老乡来城里办事，娘亲托老乡给我带了一大包已经熟好的杏。我打开包裹，看见杏不但比我儿时的大，而且吃的时候又香又甜，我问老乡：‘这是哪棵树上结的杏？’老乡说：‘就是你们家门口的呀，不然还能是哪的！’

“这怎么可能，童年酸涩的记忆让我一时不敢相信。原来自从我离家后，再也没有人急着把没有熟透的杏摘下来吃了，虽然我家的杏熟得比别家的晚几天，但只要等它真正熟透，摘下的杏就是又香又甜的。”

先生说完这个故事，看了看一脸迷茫的学生，接着说道：

“我与你们分享这个故事，其实是想告诉你们，杏如人生，由苦变酸，再由酸变甜。杏也和人一样，有的成熟得早、有的成熟得晚。我是你们的教书先生，所以我不担心你们没有远大的理想抱负，但是我却很害怕你们急于求成，怕你们因为一次考不上功名就放弃了，怕你们刚分配了职务，就想升官，最后做了错事。但其实生活是需要耐心的，就像那棵杏树一样，它只是成熟得晚，只要我们耐心等待，它也能长出最香最甜的杏。”

生活中很多事情都需要我们有足够的耐心，比如长大、比如加薪、比如升职。除非你的运气实在太好，否则完成这些都需要有足够的耐心，因为长大需要给自己足够的时间，加薪和升职则需要给老板足够的时间，让他看到你的优秀和价值。

人生点睛

每个人成长的速度是一样的，但是成熟的频率却是不一样的，有的人可能刚出社会，第一份投资就赚到了人生的第一桶金，而有的人可能要到中年甚至更晚才会成功。你能说后一种人的成功就不是成功吗？当然不，但这并不是说我们可以这样荒废自己的时光，把时间耗在等待上。所谓的给成功一点时间，那是因为成功是需要时间的，但是这个时间并不是在等待中白白度过的，而应该是在奋斗、拼搏中度过的。

在等待中突围

生活中，我们常常会感觉自己突然走入了困境，想做些什么却感觉无从下手，想找人聊聊却找不到可以说话的人，想改变自己的处境却又无能为力……其实你这是陷入了生活的“瓶颈”期，这一时期的你会觉得孤独、苦闷，这都是很正常的，但是这并不是我们就此消沉的理由。其实很多时候，孤独和苦闷也是完全可以被调整为一种享受的。

蒂姆是一位爱好野外探险的美国人，一年冬天，他到一座山上进行探险时，因为回程的时间计算失误，他被困在了一个山洞里，彻底失去了方向。被黑暗渐渐吞噬的恐慌让蒂姆这个老到的探险家也慌了，他开始在洞里没有目标地疯跑，结果离洞口越来越远，最后冻死在了洞里面。搜救专家找到他的尸体时，根据洞内的情况判断他最开始迷路的地方离洞口仅有十米远，如果他不这么急躁，在原地等待，搜救人员一定可以找到他的。

人生往往也是这样，当你的生活和工作遇到暂时的“瓶颈”时，并不一定要马上采取对抗的行动。如果当时你尚未找到解决问题和困惑的方法，可以先在黑暗中等待一下，这也许就是一种有效的进取。

一位技艺高超的走钢丝演员正在山的一头为即将进行的一场没有保险带保护的表演做最后的准备。这场表演一个月前就已经开始了宣传，所以来这里看表演的观众特别多，大家都对这位演员的表演充满了好奇。

这样的表演，演员十分有把握，他对自己顺利走完全程很有信心。两点一刻，表演正式开始，演员迈出了第一步。钢丝虽然微微抖动，但是演员的身体却很稳，一步、两步、三步……渐渐地他已经走到钢丝中间的位置了。就在这时他忽然停下来了，底下的观众以为他还有什么惊险的动作要做，都屏住了呼吸，期待着。但是他的助理却马上意识到他可能是有什么麻烦了，但是演员此时是背对着助手的，助手除了看见抖得越来越厉害的钢丝，并不能看到他发生了什么。不知不觉，助手的额头紧张得渗出了冷汗，但是助手知道自己现在必须冷静下来，除了静静等待，她什么也不能做，要是自己现在大声询问钢丝上的演员，那么他一定会分心，到时候就真的不知道会是什么后果了。

演员在钢丝上停了大概三分钟后，终于向前迈了一步，待脚下站稳，他迅速一鼓作气，安全走完了剩下的路程。下钢丝后，助理知道刚刚一定是发生什么事了，演员笑着说：“都是老天爷的恶作剧，一粒沙子忽然飘进了我的右眼，当时我就想我今天肯定完了，但是我不甘心就这样死去，我对自己说现在放弃是不对的，我开始在心中一秒一秒地数着，让自己尽快冷静下来。就在我静静等待的时候，我感觉我的眼泪出来了，谢天谢地，眼泪把沙子冲走了，我又恢复了视力。你知道吗？如果当时你等不下去，叫我一声，我可能等不到眼泪出来，就分心或等着你们来援救了，但是谁也无法预料到那是什么后果。”

演员说完，周围的观众给了他热烈的掌声。

生活中我们也常会遇到像走钢丝演员碰到的这种突如其来的变故，虽然没有这么惊险，但常常也会让我们慌了神。其实这个时候最好的方法就是像这位演员一样，先让自己冷静下来，然后让阅历和经验来做主，等待把握的另一种命运的结局，而不是一味地寄希望于别人的救援。

所谓等待，并不是让自己什么也不做，就这样坐以待毙，而是让自己在等待中平静下来，思考、沉淀，然后在等待中突围。所以当你感到孤独、苦闷的时候，千万不要急躁，让自己平静下来，耐心等待吧，相信自己，乌云总会散去，阳光终会洒下来。

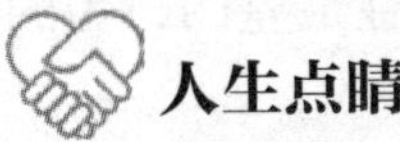

人生点睛

等待是很可怕的，因为时间未知，未来未知，这也是很多人遇到事情，宁愿一股脑儿往前冲，也不愿意等待、害怕等待的原因。但是很多事情，光靠冲动是不可以的，它需要沉淀下来，等待时机的到来，然后成功突围。

放慢脚步，让幸福追上你

在这个充满竞争的社会中生活，人们似乎已经习惯了快节奏，快餐、快递、速读、速记，我们像陀螺一样飞速旋转。清晨，到处都是匆忙赶着去上班的身影；晚上，工作一天回到家里又要马不停蹄地处理家里的琐事。我们忙得晕头转向，没有时间去留意他人，没有时间看身边的风景，为了争先创优，我们不断压榨着自己，就这样一天一天，我们看似为了生活忙碌，实际上却是在忙碌中，生活已经离我们而去了。

快节奏的生活看似提高了工作效率，却存在着十分大的隐患。快节奏让我们用健康换金钱，让我们变得麻木，变得感受不到生活中的美好和幸福。但事实上，生活并不是一场加速的竞赛，它需要我们放慢脚步，好好欣赏、细细感受。千万不要为了所谓的幸福，而弄坏了身体、糟蹋了生活中的美好，丢了

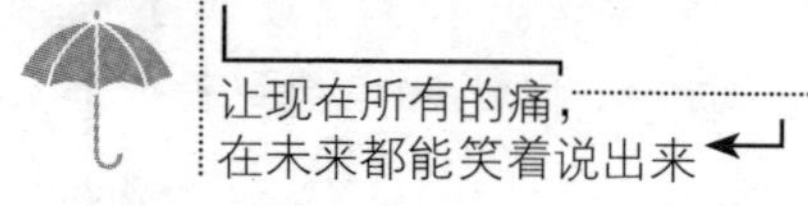

幸福。

易先生出生于农村，初三刚满16岁那年，易先生辍学回家，跟着姑父来到城市谋生。刚到大城市，易先生就被城市的快节奏震撼了，很快易先生就为自己定下了奋斗的目标，挣钱买房，接父母来城里生活。

因为没有学历和工作经验，易先生只能从工地上最底层的搬砖工做起。虽然工作不算好，但是易先生很拼命，除了白天工作，晚上还会去酒吧帮人搬东西。很快三年过去，易先生成了工头，开始带着老乡和住在附近的农民一起打拼，生活也变得比以前更忙碌了，有一年大年三十，易先生和工友一起过年，说："我来这里五年啦，五年没回家，但我却未真正打量过它。"但是尽管是这样，易先生依然很拼，而且他十分节俭，总是吃最简单的，住最差的，为的就是能省下钱，娶媳妇，等以后接父母来城里过好日子。

时间一年一年地过去，转眼易先生已经38岁，这一的年易先生已经拥有了自己的装修公司，房子也已经付了首付，而且有了心爱的姑娘，准备结婚。这一年的易先生也依旧忙碌，虽然不用再担心温饱问题，但是装修公司时刻得自己盯着，而且还得出去谈业务，就连女朋友也常常见不到他的人。

42岁这一年，易先生的生活发生了很大的变化，心爱的姑娘再也不想等下去，两人领证结婚，并生了孩子，易先生的父母也被他接到城里。唯一没变的就是易先生依旧很忙，忙着给孩子挣奶粉钱，所以连抱孩子的时间都没有；忙着给父母更舒适的生活环境，所以父母来了却连陪伴的时间都没有。

易先生50岁的时候，已经功成名就，装修公司成功上市，儿子进了市里最好的小学上学，一家人也搬进了更大的别墅。但是就在易先生以为自己终于可以闲下来的时候，易先生被医生查出积劳成疾患了肝癌，而且已经是晚期了。

易先生躺在高级病房看着身边为自己忙碌的人，然后回忆自己这一生，匆匆忙忙，来这座城市二十几年了，却连电影院都没去过，真的是连一天悠闲的日子都没过过。看着已经十几岁的儿子，自己竟觉得有些陌生。

在物欲横流的社会，匆忙的我们，可曾知道自己每天为了生活在快节奏里打拼，自己也变得麻木，何谈感受生活带给我们的快乐。名与利仿佛是衡量人们社会地位与生活质量的标尺。其实，获得名利不等于拥有欢乐。就像故事中

的易先生一样，匆忙走过这一辈子，到头来什么也没有得到。

人生就像旅游，可以追求，但不要过分；需要加快速度，但也要适当放慢脚步，去感受生活的美好。给自己一点时间，放慢匆匆前进的脚步，走进大自然、走进生活，去感受它们的美吧，你会发现我们人生的每一天都充满希冀，充满幸福。

人生点睛

放慢脚步并不是要人变得懒惰，过怠惰的生活，相反，放慢脚步其实是一种智慧、是一种淡定从容、是一种耐心。放慢脚步是为了让我们放慢生活节奏，多感受生活的美好，积蓄能量，再继续前行。

不妨再坚持一会儿

世上的许多事情，往往最难迈的一道坎都是最后的那一程，跨过去就是美好的明天，但成功的往往只是少部分的人，为什么呢？一个很重要的原因就是缺乏坚持。因为奋斗了那么久，艰苦跋涉了那么久，走到这一步，我们大多已经筋疲力尽、心力交瘁了，大多数人没坚持到迈完这一道坎就放弃了，没有坚持走下去，也就与成功擦肩而过了。

道路曲折坎坷并不是我们通往成功最大的阻碍，一个人的心态才是能否成功的关键。只要心里的理想之火不曾熄灭，只要自己不轻言放弃，坚持下去，前途就是一片光明。

一对从农村来的姐妹，因为没有文凭和经验，找工作的时候屡屡碰壁，最后好不容易有一家礼品公司接纳了她们，但是还没来得及高兴，两姐妹又开始绝望了，原来经理给她们安排的是最难啃的跑业务的工作。

姐妹俩每天走街串巷，给各种人赔着笑脸，鞋也走破了，嘴也说起皮了，可就是没有一个愿意订礼品的客户。两个月过去了，姐妹俩愣是连一个钥匙扣也没推销出去。

终于有一天妹妹受不了了，她觉得经理安排这样的工作给她们，根本就是看她们俩好欺负，便跟姐姐商量要一起辞职，从头开始。姐姐劝她说："万事开头难，还没到绝望的时候，再坚持一下，我看我们拜访了三遍的那家公司还是很有希望的。"

"姐，你自己都说了，已经三次了，要是他们有心要订早就订了，这次不管你说什么，我是一定要走的。"妹妹说完就交了辞职信，开始在网上找起新工作了。

一周过去了，早上两姐妹一起出门，姐姐继续去拜访那家公司，妹妹则去新公司面试。那天晚上两姐妹回到家却是两种心境，姐姐再次拜访那家公司时，公司的经理被她的诚意打动，向她预订了三百套精美的瓷器礼品作为他们下个月要举办的大型会议送给来宾的礼物。这是笔不小的订单，姐姐拿到了两万块钱的回扣，有了人生第一桶金。妹妹却没这么幸运了，因为没有什么实质性的工作经验，面试失败了。

从这之后，姐姐的工作越来越顺利，各种大订单源源不断，人脉也建立了不少，不到五年的时间，她已经有了自己的小礼品公司了。而妹妹的工作却是走马灯似的换，有时还得靠姐姐救济。

妹妹向姐姐请教成功的真谛，姐姐说："其实没什么，我们一开始站在同一起跑线上，唯一的秘诀就是我比你多努力了一次。"

只是差了一次努力，却让天赋能力相当的两姐妹走上了迥然不同的道路。记得以前有位记者采访邓亚萍时，她曾说过这样一句话："在球场上，快要支撑不住时，咬咬牙，在内心跟自己说一句'再坚持一下！'"

其实很多时候，我们都和故事中的妹妹很像，当我们经过一段时间的努力，却没有达到期望中的目标，便会心浮气躁，觉得这根本是难以办到的事情，然后便轻易放弃了。却不知道，成功其实就差这最后一次努力了，只要再坚持一下就好。

很多时候，我们败给的并不是事情本身，也不是我们的对手，而是败给了自己的脆弱。其实只要再坚持一下，再试一次，说不定就成功了。所以即使身处困境，也要心中充满希望，只要自己不绝望、不先放弃，那么成功离你就不

远了。

人生点睛

人最大的敌人不是别人正是自己，脆弱的自己，总想放弃的自己。只有打败自己的这些恶习，遇到困难，不轻易放弃，再坚持一会儿，我们才能向成功不断迈进。

第06章 想成为珍珠，必须要忍受砂石的磨砺

沙粒之所以能从一颗普通的沙粒成为美丽的珍珠，那是因为它忍受了其他沙粒不愿忍受的寂寞与折磨。人也是一样，要想在人群中被人一眼看见，就必须忍受常人不能忍受的寂寞与挫折，只有跨过了这些坎，才能使自己变得更强大、更闪耀。

沉默会使自己变得更强大

人都是感性动物，喜欢用语言表达自己，而人们天生的好奇心更是让许多人都喜欢“打破砂锅问到底”。但是言多必失，一个人如果话太多，总是对人喋喋不休，则会让人心生厌烦。因此，我们在学会用语言表达自己的同时，也要学会适当保持沉默，要知道，有时无声胜有声。

沉默是一种品格，更是一种境界。沉默的力量来源于内心最深处，是没有痕迹的精神修炼，它能让人以更新的视角来探索自己的灵魂深处。但是请不要误解，所谓沉默并不是指在屈辱时默不作声，在得意时浑然入睡，更不是在无奈时偃旗息鼓。沉默是指说话有度，多用心灵思考，是自我意识觉醒的一个过程。

一位公司老板在接待一位客人时，收到了一份很别致的礼物——三个普通金属做的小人。这位老板不解，询问缘由。

客人从盒中取出三个小人放在桌上，拿出一根稻草。当用稻草穿过第一个小人的左耳，稻草从右耳边出来了；当用稻草穿过第二个小人的左耳，稻草从它的嘴里出来了；当用稻草穿过第三个小人的左耳，稻草进了它的肚子不出来了。

第一种小人，生活中没有什么主见，左耳进，右耳出，好像什么都没发生。这种消极的生活情绪让他们听不进任何中肯的和有建设性的意见，长期生活在自己的固定思维里，不思进取，不知进步。

第二种小人只顾眼前利益，好打听，然后不负责任地乱说。爱八卦，喜欢成为闲谈的主角，不会认真对看到的、听到的事进行分析，只是简单地重复别人说出来的话，该说的不该说的通通都无所顾忌地往外说，不但会让周围的人尴尬还会引起是非。

很多时候，其实沉默才是最好的处理方式，就像第三个小人一样，因为这世上的很多人很多事光听一面一词并不能完全了解真相，流言止于沉默。但沉默并不意味着消沉，沉默的过程其实也是一个积蓄自己能量的过程。孔子说："君子敏于事而慎其言。"鲁迅将其解释为"于无声处听惊雷"，这也是沉默别致力量的一种体现。

人在社会中生活，就免不了与人打交道，但俗话说得好："病从口入，祸从口出"，说得多，错得也就多，所以在生活中，在与人打交道时，适当保持沉默，沉淀自己，把自己的心修炼得更强大，会让自己更轻松，与人交往也会更顺利。

"不在沉默中爆发，就在沉默中灭亡。"有的人在沉默中积蓄力量东山再起，有的人在沉默中就此消沉，彻底失去希望。沉默就像是一把"双刃剑"，在弱者手中，它是削弱人力量的帮手；在强者手里，它是一把利剑，使人心灵不断净化、变强，最终变成更强大的自己。

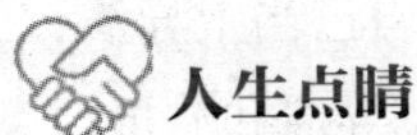

人生点睛

在纷乱的时刻，沉默静守能让自己时刻保持清醒。当生活遭遇平静，很多时候语言都是苍白的，这时候最明智的做法就是沉默，韬光养晦，让自己变强变大。沉默不是退让，而是一个积蓄、酝酿、等待出击的过程。

以坦然的心情看待挫折和打击

没有谁的人生是一帆风顺的，挫折和打击看似人生的绊脚石，但只要坦然面对，从中吸取经验教训，反而能成为一笔宝贵的财富。

美国前总统林肯曾说：我们关心的，不是你是否失败了，而是你对失败能否无怨。伏尔泰也曾说：不经历巨大的困难，不会有伟大的事业。所以挫折、打击乃至失败都不可怕，关键是你面对它们时的态度，如果你能以坦然的心情看待这些挫折和打击，心中充满希望，就能在这些困难中看到光明，在逆境中找到出路。

王洛宾是一个执着的音乐至圣者，也是20世纪最负盛名的民族音乐家之一，他一生历经坎坷，更是被人以“莫须有”的罪名，抓到了监狱，因此受到了许多非人磨难，生活也一度穷困潦倒，几近绝境。但是他并没有就此倒下，因为对音乐的喜爱和热忱，即使在监狱服刑和劳动改造期间，他依然没有停止自己的创作。他公开发表的作品中，包括《离别》《阿顿江》《撒阿黛》《高高的白杨》等63首歌曲都是在狱中编写的。

周星驰从小在单亲家庭长大，虽然对演戏抱有极大的热情，但是因为没有背景和雄厚的财力，他只能从跑龙套开始。龙套一般都是没有发言权、也很难有出镜机会的。1983年，周星驰获得了在《射雕英雄传》里演一个宋兵的机会，为了增加一点戏份，他主动请求导演安排梅超风用两掌打死他，但是导演并没同意，坚持一掌就可以了。旁边的群演和工作人员看他一个跑龙套的还找导演讨论演技，嘲笑他简直是浪费导演的时间。周星驰并没有把这些嘲讽放在心上，依旧认真钻研着，并不断打磨自己。终于在2002年，他自己当上导演，并一举拿下了当年的香港金像奖最佳导演奖，成为最有名的喜剧导演和演员。

从这些名人的成功事迹中，我们不难看出他们在面对挫折和打击时那种坦然和坚持，其实不只是他们，每个人都是这样，在面对挫折和打击时，更加不能因此丧失信心和希望，而是要鼓励自己坚定地走下去，从中吸取经验教训，突出重围，实现自己的价值。

人一生会遇到很多的挫折和打击，但每遭受一次挫折，我们对生活的认识就会更全面一点，每失败一次，我们的思想觉悟就会更高；每失败一次，对快乐的体会会更深刻。所以，身处逆境，我们更能找到自己的价值，挖掘自己的潜能。挫折和打击其实就是一把“双刃剑”，用悲观消极的心态面对它，你的人生也会变得黑暗；用乐观坦然的心态积极面对，它就会是我们生活中一道美丽的风景线。

人生点睛

成功的人往往在顺境中心存感恩，在逆境中心存希望！无论你是否觉得未

来渺茫未知，是否觉得生活黑暗，只要心存希望，以坦然的心态面对挫折和打击，你就能迈过人生的每一道坎。

把握每一个可能的机会

把握每一个可能的机会，希望与信心就会并存，心存希望就会让我们不再迷茫，就算没了希望也别绝望，死路往往也是一个出口。

很多时候，很多人都会为没做某件事而后悔不已，他们通常会气自己目光不够长远，为什么不抓住机会试一把呢。但事情已经过去，再怎么后悔也只无济于事了，因为事情不可能再从来一遍，所以，要想事后不给自己后悔的机会，就应该抓住每一个可能的机会，要知道机不可失时不再来。

雅丽、晓阳和小红同时到一家金融公司应聘总经理助理，经理面试过后对三人的学历和知识十分满意，于是决定给每个人三个月试用期，以选最合适的人留下。

三人工作了一段时间之后，从老员工那得知，总经理有个侄女也是今年毕业，很可能会直接来公司当他的助理。三人听完这个消息都十分震惊，晓阳觉得经理拿一个根本就不可能的职位骗她打白工，直接跑去找经理理论之后，拿了一个月的工资离开了。小红虽然没有冲动地就这样离开，但是工作明显没有以前积极，有时候有人找她办事，她也是挑些轻松的来做，渐渐地大家也就不找她了。只有雅丽还是和以前一样，有什么工作还是会积极地完成，就像不知道这个“内幕消息”一样。

三个月转眼就过去了，总经理侄女毫无悬念地成了总经理助理。但是本来以为工作都会结束的小芳和雅丽却迎来了不同的结局。虽然失去了总经理助理的职位，但是由于平时勤勤恳恳，态度积极，雅丽被外联部门的经理选中，去了外联部，待遇甚至比总经理助理还好。小红则没她这么好的运气了，因为工作懈怠，没有部门愿意收她，实习期一结束就离开了公司。

其实作为年轻人，对雅丽、晓阳还有小红来说，一毕业就能进入大公司实

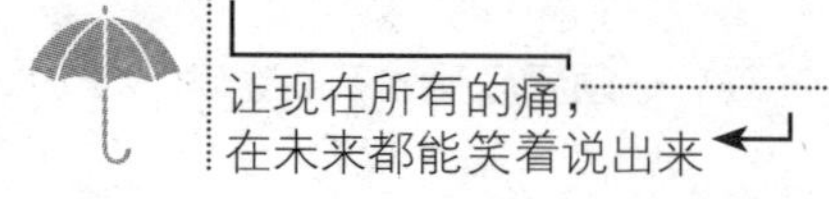

习，这已经是十分难能可贵的机会了，关键是能不能抓住它。晓阳个性十足，但是太计较得失，所以错失机会；小红心有不甘，却又不肯努力，最终与好工作擦肩而过。只有雅丽，两耳不闻窗外事，一心做好自己的分内事，最终也迎来了转机。

一个人的成功，除了需要自身的努力，机会的垂青也很重要。抓住生活中稍纵即逝的每一个机会，努力奋斗，才能不断向着希望和理想靠近。

你永远也不知道哪一颗石头扔进大海会激起惊涛巨浪，就像事情没有结束前，你无法预料它的发展。但是我们年轻，这就是我们的资本。维多利亚女王时代与格拉斯顿齐名的最重要首相之一狄斯累利曾说：人生成功的秘诀是当好机会来临时，立刻抓住它。抓住生活中每一个可能的机会，找出自己真正喜欢的、想要的，明确自己的目标，用力奔跑，相信自己，总有到达彼岸的一天。

人生点睛

把握每一个可能的机会并不是要求我们胡子眉毛一把抓，而是要有选择性地抓，抓那些对我们的目标和理想有帮助的机会，不然只会捡了芝麻、丢了西瓜，得不偿失。

想成功必须先耐住寂寞

台湾地区著名作家刘墉曾说：“每一个年轻人都要过一段‘潜水艇’式的生活，先短暂隐形，找寻目标，忍住寂寞，积蓄能量，日后方能毫无所惧，成功地浮出水面。”

成功的人，都是能耐住寂寞的人。一个胸无大志的人是无法忍受寂寞的，他们会被花花世界所诱惑、所干扰，最后在朝三暮四的动摇与徘徊中白白浪费自己的时间，一事无成。如果你是一个有远大抱负和理想的人，能够在浮躁的环境里静下心来，认认真真地做好每一件事，注意每一个细节，那么时光一定不会辜负你，会带给你意想不到的收获。

很久以前，有位养蚌的人想培养一颗世界上最大最美的珍珠。说做就做，第二天他便来到一遍沙滩上挑选沙粒。他认真地询问一粒粒沙粒，愿不愿意成为最美丽的珍珠，但是所有的沙粒都摇头说不，拒绝了他，直到他准备离开时，终于有一颗沙粒主动告诉他自己愿意成为最美丽的珍珠。

其他沙粒都觉得它这样太傻，因为要想成为珍珠，得在蚌壳里待几年，不但见不上亲人、朋友，无法再享受阳光、雨露，还得忍受无止境的黑暗，甚至会因为不断的磨砺而疼痛难忍。“你这样做又是何必了，这么辛苦，还是放弃吧！”好朋友纷纷相劝，但是沙粒还是坚定地跟着养蚌的人回家了。

几年以后，沙粒变成了最美丽的珍珠。一位收藏家看中了它，从养蚌的人手中把它买走后，一直带着它周游世界，在各地展览。珍珠在被人们认可和欣赏的同时，也实现了自己的价值。那些曾经说它太傻的沙粒呢，有的现在依然待在沙滩上任人踩踏，而有的恐怕已经风化成土了吧。

正确对待寂寞，耐得住寂寞，其实很简单，看你的动机和目的是什么，就像这粒普通的沙粒，成为珍珠是它的目的，为此它可以忍受寂寞和黑暗，等待成为珍珠的那一天。人也是一样，所有的人都希望自己出人头地，所有的人都希望自己能成为所在领域的佼佼者，赢得大家的鲜花与掌声。但实际上，鲜花和掌声背后的那些寂寞与隐忍却是不为人知的。很多时候我们还没有了解寂寞的真谛，就已经抛弃它，同时把成功也抛弃了！

人生在世，成功之前，总有一段寂寞的路要走，耐得住寂寞，经得起诱惑是每一个想要成功的人必须经历的心理路程。安静的准备和积极的等候都是寂寞的。耐得住寂寞，是一个人思想灵魂的修养体现，是一种难能可贵的风范。

寂寞是人生中难以摆脱的事情，它如同生活中的喜怒哀乐一样，时刻伴随着我们。我们只有耐得住寂寞，修炼执着的心态，才能冷静地思考人生的方向，才能积蓄能量，不断地变强变大，才能获得更多的成功机会。

人生点睛

若想甘于寂寞，确非轻易之举，如果以甘于寂寞作为来日的晋升之资，期以十年寒窗，换取来日的衣锦荣贵，那是流俗的，那不叫作甘于寂寞，而是做投资生意。真正的甘于寂寞并不是隐居山林，而是通过寂寞之路，透出于寂寞的氛围之外，在寂寞之中，认识自己，认识他人，认识世间的一切。

抵制诱惑，守住幸福

生活中有很多很多的诱惑，金钱、权力、荣誉、地位，等等，它们无处不在，是我们每个人在前进的过程中都必须面临的挑战。既然无法我们挣脱这个纷繁尘嚣、物欲横流的社会，那就学会保持一颗平常心吧，只有这样我们才能抵制住诱惑，分清自己想要的。

在《圣经》中，溢美之词往往都是给予那些能“主宰自己灵魂”的人，而不是那些“攻城略地”的侵略者。一个人如果没有自制力，无法控制自己的欲望，那么他只会在欲望的旋涡里无限沉沦，是没法做自己的主人，主宰自己的人生的，那又何谈幸福呢？每个人成功的路上都会遇到困难、挫折，也会遇到各种诱惑，能够抵制诱惑，坚持到最后的人，就是成功的人。

一位老和尚和小和尚一起下山去化缘，途经一个市场的时候，听到大家都在谈论路口卖菜的一个师傅，大家都对他啧啧称奇，说他卖菜不用秤，只要用手掂一掂，误差几乎为零。小和尚也十分好奇，拉着老和尚前去凑热闹，老和尚说：“我买他肯定会出错。”小和尚不信，老和尚转过身对卖菜的人说：“我要一斤白菜，如果你能抓对，我就付你十倍价钱。”卖菜的人想了好长时间，抓了一把白菜放在秤上，果然出错。

用手掂菜本应是卖菜的人的强项，应该信手拈来才对，但是为什么反而在老和尚面前出错了呢？最重要的一个原因就是诱惑乱心，那十倍的价钱就是对卖菜人的诱惑。人一旦被诱惑，就很容易被欲望支配，自然也就很难保持平常心了，所以也就很难保持平常的水准了。

美国纽约有一家芭蕾舞团，一次记者采访他们剧团的首席舞星时，问她：“您最喜欢的食物是什么？”

这位美丽可人的姑娘兴奋地回答说：“那当然是冰激凌了！”

“可是冰激凌是含糖量非常高的食物，热量也是，吃了肯定会导致体重增加，这对您这种跳舞的人来说可是致命的打击呀！您一般多久会让自己任性一次呢？”记者又继续追问道。

女舞蹈家回答道：“我已经有18年没有尝到过那种美味了！”

每个人都有自己喜欢和热衷的东西，它们有的会催我们奋进，但有的却会使我们陷入欲望的旋涡不能自拔。例如金钱、权力、荣誉、地位等，它们就像美味的冰激凌一样，无时无刻不散发着诱人的香味。如果我们想要成功，那我们就必须像这位舞蹈家一样，坚决抵制诱惑，只有这样，我们才能得到想要的。

面对诱惑，有的人能成就惊人的伟业，有的人却成为了诱惑的俘虏。我们要想人生有所得，就必须抵制住诱惑，保持一颗平常心。谁都有对成功的渴望，谁都希望得到的越来越多。不过有时候得到越多并不一定就是最好，得到的越多，人的欲望就会越强，一旦被欲望支配，人也就扭曲了。

人只有分得清自己想要的，保持定力，才能抵制诱惑，真正把握自己的人生，守住幸福！

人生点睛

抵制诱惑并不是要求人无欲无求，如果这么理解就未免太偏激了。所谓抵制诱惑其实是要求每个人要守住本真，明白自己想要的，不为那些虚有其表的，不属于自己的东西疲于奔命，最后反而丢失了真正要追求的东西。

成功离不开一个平和的心态

西方有句谚语：“上帝欲使其灭亡，必先使其疯狂。”细细品味，其实不难理解，因为坏情绪足够毁灭一个人。而如果你遇事心态平和不急不躁，不但问题可以迎刃而解，而且会给周围的人带来如沐春风的感觉，赢得别人的好感。

佛曰：“一切都以平常心待之。”然而在我们生活中，大多数人遇到事情其实都是不理智的。很多人在面对困难的时候，更多的是选择抱怨自己的不满，或唉声叹气，或漫无目的地宣泄，而无法用平和的心态去解决问题。时间长了，不但成了一个只会怨天尤人的“泼妇”，工作效率大打折扣，生活不愉快，周围的人也会因此越来越疏远你。

王小鱼在一家财务公司做了5年的公关，本月初，终于有人说从领导那传来消息，领导决定升王小鱼为公关经理了。因为是板上钉钉的事，所以很多同事都跑来巴结小鱼，小鱼自己也很兴奋，终于要熬出头，于是很高兴地做好了交接工作准备升职。可是直到月底了还是没有一点动静，同事们看她的眼神也不再像之前那么奉承了，小鱼觉得这让自己很没面子，于是一气之下直接跑到领导办公室要一个交代。领导当时正在和客户打电话，让小鱼先出去等一下，但是小鱼一下子脾气上来了，非说领导是在故意搪塞她，在办公室大声吵嚷，强行要求领导先解决自己的问题。电话那边的客户见实在聊不下去，愤怒地挂了电话。

结果可想而知，本来只要等领导忙过这两天这个大单子，就可以升职的王小鱼，现在因为自己的冲动，不仅害得自己丢了升职的机会，还害得老板失去了一个大客户，让公司蒙受了巨大的损失。不但如此，被辞退后，小鱼找新工作时也频频因为这件事情，被人认为不适合公关这个职业，而遭到拒绝。就这样，小鱼因为自己的冲动，不但丢了工作，5年的工作经验也毁之一旦，只能在30岁的时候换行，重新开始。

一个人不管做什么事，如果要想成功，就不能一听到别人的赞美就沾沾自喜，一听到别人的批评就闷闷不乐。人只有一心一意，脚踏实地地做好自己该做的每一件事，才能真正取得成功。

试想一下，如果医生没有一个平和的心态，遇到大手术就慌慌张张，那还怎么能救治病人呢？如果在抗震救灾前线的志愿者们，没有一个平和的心态，看见塌方，不听指挥，只会冲动地往前冲，又怎么能救出被困的人呢？所以，一个人如果没有平和的心态，遇事毛躁且冲动，往往是不能得到一个好的结果的。冲动是魔鬼，一旦遇事冲动不冷静，那么本来能办好的事，也可能会被

搞砸。

人的一生会遇到很多不顺心的事，它们会让你烦恼、不开心，不管以前如何，从现在开始，请用一颗平和的心来面对这些不顺吧。平和的心态会让我们心情愉悦，避免因为冲动不理智带来的麻烦。冲动是魔鬼，只有摆脱它的纠缠，才能远离人生的陷阱。

人生点睛

冲动是魔鬼，不要动不动就心烦气躁，更不要随便发脾气，很多时候，发脾气或动怒其实都是在用别人的错误惩罚自己，并不能真正地解决问题。要记住，有没有一个平和的心态往往会对事情的成败起到决定性的作用。

努力让自己成为一颗珍珠

随着毕业生的不断增多，就业压力一年大过一年。以前大家都说学历是铁饭碗，但是在这个充满竞争的社会，铁饭碗也会生锈，最终被淘汰出局，只有拥有真正的实力，才能在充满竞争的职场，真正立足。

现在的很多年轻人都喜欢抱怨社会不公平，认为自己之所以不如别人是因为没有机会。但是长此以往，并不能对现状有什么改变。机会只留给有准备的人，要想被人赏识，提高自己的能力，做好准备才是最重要的。

有个心高气傲的年轻人，才毕业两年，就已经换了4份工作了，每次都是做了一段时间，觉得老板不能欣赏自己，留下来没什么前途，所以辞职了。然后开始怨天由人，觉得怀才不遇。

一天他正一个人闷闷不乐地在海边散步，这时一个正在海边拾贝的老人走到他身边，问他是不是遇到了什么难题。年轻人跟老人说了工作上的遭遇和内心的苦闷后，老人什么也没说，只是走到旁边沙地上捡了一粒沙子，让年轻人看了看，扔在地上，说："可以帮我把刚才扔的那粒沙子捡起来吗？"

"所有的沙子都长得差不多，而且这么小，这根本是不可能的嘛！"年轻人郁闷地说。

“这样啊！”老者说完又紧接着把自己刚刚拾到的贝壳里面的小珍珠扔在了地上。“那要是这颗珍珠呢？你能帮我捡起来吗？”

年轻人一下子明白了，原来老人醉翁之意不在酒，并不是让他帮忙捡什么沙子和珍珠，而是想让他知道，要想在人群中被人看见和欣赏，就要努力让自己变成珍珠，活得更有价值。

如果把成功之路比作正在建造的房屋，那么能力一定是建筑用的水泥，机遇就是建造房屋所需的图纸。不管你的图纸画得有多美、多准确，材料不结实、不符合，也是造不出好的房子的。所以要想成功，必须先提高自己的能力，不然好的机遇来了，也接不住。

小未和小姜都是从农村来的，在一家四星级酒店做最底层的服务员。初到城市，小伟很开心也十分满足，觉得能在一个这么好的酒店找到工作，真是比乡下强太多了。小姜兴奋过后却十分理智，她给自己制订了一个学习英语和酒店管理知识的计划，然后每天严格执行。小伟觉得她这样根本没用，酒店这么多服务员，她们这种来自乡下的根本不会被人看到。小姜虽然没有反驳，但仍旧坚持学习着。一年后的某一天，酒店来了一批澳洲的游客，小姜因为懂英语，很顺利地和旅游团的团长交流了起来。旅游团离开后，团长给酒店寄来感谢信，感谢酒店的细心安排，让团友玩得十分开心，并特意感谢了小姜。

就这样，小姜被领导注意到，提升为客房经理，并帮她安排到公司管理人员培训班，因为表现良好、成绩优异，培训结束后，不到一年，小姜顺利升迁到了管理层。而当初瞧不上她的努力的小未，进酒店两年多，仍然是最底层的服务员。

一个年轻的老总说过一段话，大致意思是：职务是瓷饭碗，好看好用易打碎；学历是铁饭碗，好看好用易生锈；只有能力才是金饭碗，打不碎也不会生锈。生活中确实是这样，拥有好的职务，但是有被挤掉的危险；手握高学历，但是没有一点动手能力，也只能被淘汰。

面对越来越大的竞争压力，要想在众多的竞争者中脱颖而出，就必须先努力提高自己的能力，增加自己竞争的砝码。对需要自己完成的工作，一丝不苟

地把它做好。长期下去，你就会养成人认真做事的习惯，一个好习惯的养成不但会让你做事变得更轻松，还能让你不断超越自己，变得越来越好，这样你的价值也会不断攀升，最终成为沙砾里的珍珠。

人生点睛

每一颗漂亮的珍珠曾经都是沙子，但是经过了岁月的磨砺，它们最终完美蜕变。人也是一样，要想从人群中脱颖而出，成为珍珠，就必须经过岁月的洗礼。人只有经历痛苦与挫折，跨过重重难关，才能来到成功面前。

看清自己，不要自以为是

人贵有自知之明，一个人只有了解了自己的能力和明确了自己想要的，才能知道自己是不是真的能胜任一件事情。人也只有看清了自己的不足，才能想办法弥补。而人要看清自己，就不能自以为是。

一个人如果在工作中犯了自以为是的毛病，不仅会眼高手低，觉得自己什么都比别人强，看不到自己的不足与缺陷，而且难以听进别人的意见，喜欢独断专行。但是个人的观点难免会有偏颇之处，这样就很容易造成工作上的误判，产生严重的后果。相反只有不自以为是，才能看清自我，站在客观的角度分析自己的能力，然后量力而行，这样也会走得更平稳。

深山里住着一位在全国都十分有名望的武术大师，很多人都不惜千里跋涉，只为把自己的孩子送到他的门下，跟他拜师学艺。

一天，一对夫妇也带着孩子来深山找他。他们到山上的时候，正好看见大师在检查弟子们挑水的多少。但是让他们感到奇怪的是，每个弟子的水桶都不是满的，而且有多有少，但是不管是谁从大师面前经过，大师都会对他们微笑着点头，然后夸他们做得不错。

这对夫妇不解地问："大师，他们每个人的水桶都不满，但是你却还称赞他们，这又是什么道理呢？难道这不是对他们的纵容吗，长期下去还怎么能教好他们呢？”

大师微笑着说：“挑水本就不在于多，只有倒进缸里的才是自己的。一味地贪多，反而会适得其反。”

大师看这对夫妇还是不解的样子，便叫住了其中一个弟子，让他去山下打两满桶水。结果这个弟子打完水往回走的时候非常吃力，还没走到，就已经不堪重负把水桶弄翻，水也全洒了。

大师说：“你们看，如果明知道他挑不动满满的一桶水，却还是勉为其难地让他去做，最后只能是一场空，白白耽误了时间和力气。做任何事都要量力而行。”

夫妇俩恍然大悟，立刻让孩子跪在地上给大师磕头，希望大师能好好教他。

自以为是常常是对自身能力过高的评价，那么到了真正行动的时候就注定只能失败。就像打满满两桶水的那个孩子一样，终是一场空。对于一个管理人员来说，自以为是的后果将更加严重，因为管理人员的决策影响的往往不是一个人，而是整个团队。团队的力量虽然是强大的，但是如果受到管理人员的误导，造成的破坏会更大。

一个人要想成功，就必须先看清自己。看清自己的方法有很多种，比如自我反省、多听他人的意见等。只要坚持这样做了，我们就能在做的过程中，把自己分析得更加透彻和细致，从而有计划地去弥补自己的不足，让自己变得更好。

人生点睛

看清自己的小方法：一、每隔一段时间就自我反省一次，做一个小总结，看看这段期间你的进步和不足，好的东西继续发扬，不足的想法弥补。二、多听听有资历的人对自己的建议，认真倾听的那种，然后把这些意见装进肚子里，弥补不足，让自己过得更好。

第07章 接受必须接受的，舍弃应该舍弃的

真正步入社会之后，你会发现这里充满竞争、不公平，甚至很多事情你都无法改变，这时，你会如何选择呢？是随波逐流，还是自命清高？很显然，这两种都不是绝佳的选择，要想在社会上立足，就必须适应这个社会，接受必须接受的，舍弃应该舍弃的，只有这样我们才能真正融入社会，走得更远。

学会适应人生的“不公平”

微软公司的创始人比尔·盖茨曾说：“人生是不公平的，习惯去接受它吧。请记住，永远都不要抱怨！”我们从进入社会开始，就应该认识到社会从来就没有绝对的不公平，想通过抱怨实现自己想要的公平，是不可能实现的。埋怨这世界不公平的人，往往内心也是不平的，与其愤愤不平，还不如学会适应它。

对于刚进社会的新鲜职场人来说，了解以上这一点很重要，只有认识到了这一点，才能找到目标，坦然面对生活中的“不公平”，并从中找到机会，走向“公平”的舞台。

一家律师事务所准备年后招聘一名律师，负责招聘的文员易小姐在网上查看了简历之后，发现了四个符合要求的年轻人。于是易小姐向面试的吴经理征询安排面试的时间，吴经理说：“下周一下午两点吧！”

“好的，一个人十五分钟，分四次，正好一小时，三点就可以结束。”易小姐十分干练地答道。

“不，让他们准时到，我自有安排。”吴经理否定了易小姐的安排。

周一下午两点不到，四位前来面试的年轻人都已经赶到，但是易小姐通知吴经理时，吴经理却让他们再等一会儿，先看份文件，直到两点二十才姗姗来迟。他先向各位面试者道了歉，然后开始面试，面试时他明显带着挑衅的味道，不是挑简历的毛病就是问人家假如没有面试成功，会是什么原因。第一个面试者逆来顺受，什么都没说。第二个面试者和吴经理针锋相对，甚至还抱怨了时间的不合理。

第三个面试者姓王。等到他面试的时候，已经比跟他约定的时间晚了

四十五分钟了。“真的很抱歉，让你等了这么久。”吴经理说。

“这没什么，作为律师，遵守时间是我们的职业操守，但是我们的客户却经常无法准时，不过我们都会往好的方面想。”王先生机智地答。

“往好的方面想，比如呢？”吴经理问。

“像您刚刚迟到，很可能是您有一个重要的会议要开。”王先生回答。

“谢谢你的体谅！”虽然说了谢谢，但是吴经理接下来的面试却依旧不含糊，还是一贯挑剔和犀利的风格，一上来就说王先生的简历里面有两个语法错误，作为律师严谨的语言是必不可少的。

王先生大吃一惊，随后反应过来，笑着说道：“看来我得为捍卫自己权益说两句了，您能告诉我错在哪里吗？因为是学法律的，为了严谨，这份简历我至少检查了三遍以上，而且我还让我的一个语言专业的朋友帮我看了一遍，竟然还有错误？”

吴经理见他十分机智，巧妙地转移了话题，问：“你对我们今天的时间安排有什么看法？”

王先生顿了一下说：“其实我们几个人刚刚在等待的时候有聊过，发现通知我们的面试时间是一样的，我们都觉得这样很不合理，要知道，我们律师可是按一小时几百收费的呀！开个玩笑。不过，我想面试的人这么安排一定是有他的道理。”

“是我这样安排的，你觉得是为什么呢？”吴经理打断他问道。

“应该是为了考验我们的耐心吧？”

“没错，律师的工作有一个很重要的环节就是谈判，特别要能承受对手的傲慢无礼，有时这种态度就是一种策略。你不能被别人的行为牵着鼻子走。我看在这种情况下你还能幽上一默，有这种心态不易呀。好了，请你在隔壁等一下，我们还要面试下一个。祝你好运吧。”

王先生正式到律所上班那天，易小姐忍不住好奇地问他：“你对经理这种伤自尊的测试，不感到气愤吗？”

“如果我气愤的话，还能这么幽默吗？我父亲之前教过我一句话：不公平才是这个世界的真实面貌。”

是啊，这个社会的确是不公平，尤其是对刚踏入社会的年轻人来说，没有经验、说话也不够圆滑，很多时候都处在被动的位置，如果我们心中满是抱怨，那么就只能一直处在被动的位置了。只有学着适应生活中的不公平，并从中找到机会，发展自己，才能走得更远。

人生点睛

的确，世界上没有绝对的公平，但这就是社会生存的法则，难道因为社会不公平，我们就可以什么也不做，抱怨这个抱怨那个吗？当然可以，但是你也得知道，没有能力、没有人认可，是不会有人听得到你的声音的。

舍得、舍得，有舍才有得

古语云："鱼和熊掌不可兼得。"世事总不能万般皆如意，有舍才有得。舍是一种卓越的人生态度，一个人，只有学会舍，懂得舍，才拥有妙不可言的人生。我们想要的东西很多，它们就像捧在手里的沙子，你握得越紧，反而漏得更多。我们要做的，就是舍去那些多出的，便能轻而易举地得到属于你的那一份。

师父一边烧水一边问弟子，要是烧水的途中，发现木材准备得少了，应该怎么做？弟子们纷纷抢答，有的说赶快去找，有的说买更快，有的说邻居可能就有，借更快。木材少了为什么不把水倒掉一些呢？师父说完把壶里的水倒了一部分，不一会儿，就用有限的木材把水烧开了。

生活中很多事情都是这样的，有得就有舍，要想得到，就必须先舍得付出。舍得，舍得，不舍不得。舍就是得，小舍有小得，大舍则大得，不舍则不得，说的就是这个道理。

战国时期，靠近北部边城的地方，住着一个名叫塞翁的老人。塞翁养了很多马，一天，他养的马忽然走失了一匹，邻居听说了纷纷来安慰他，不要想太多，气坏了身体不值当。没想到塞翁反而不在意地说："丢了一匹马而已，没

什么好伤心的，说不定是好事呢。”

邻居见他这样，心想丢了马还这么开心，肯定是在自己安慰自己。没想到几天之后，马真的回来了，还带了一匹骏马回来。邻居听说了，都过来恭喜他，夸赞他说：“还是您有远见，不但找到了马，还多了一匹骏马。”但塞翁却一点也高兴不起来，他忧心忡忡地说：“白白得了一匹好马，不知是福还是祸呀！”

听他这样说，邻居都觉得这个老头很虚伪，明明高兴得不得了，还这样故作姿态。

塞翁有个儿子，十分喜欢赛马，他看那匹跟着回来的骏马长得十分健壮、结实，便骑着它出去玩，结果没想到在路上被狠摔了一跤，把腿给摔断了。邻居看他被人抬回家，于是跑过来慰问，塞翁说：“已经很幸运了，虽然摔断了腿，但是保住了性命。”邻居觉得塞翁老糊涂了，在胡言乱语，他们实在不理解，腿都摔断了，有什么好幸运的。

过了不久，匈奴入侵，城中的青年的人都被征召入伍去了前线。入伍的青年最后都战死了，只有塞翁的儿子因为断腿，没有去战场，保全了性命。

试想一下，如果塞翁没有先丢失一匹马，那他就不会得到另一匹骏马，那么他的儿子就不会摔跤，也就不能因此避免上战场，而保全性命了。

莲因舍弃牡丹的雍容而圣洁，虹因舍弃磐石的永恒而炫彩，山因舍弃水的灵动而伟岸。我们的人生也是这样，会因为舍掉了一些不必要的东西而变得更加精彩。

人生点睛

《卧虎藏龙》这部电影里，有这样一句台词：“当你紧握双手，里面什么也没有；当你打开双手，世界就在你手中。”世上的东西那么多，但是我们的时间有限、精力有限、收纳的东西也是有限的，是不可能把所有想要的都握在手中。有舍才有得，有时候舍其实也是一种得。

看破是一种能力，不说破是一种成熟

古人云：看破不说破，明白不表白。古人留下的智慧，在我们现在的生活中依旧适用。在与人交往时，与其自作聪明捅破中间的保护窗，打破平衡，让双方关系陷入尴尬，还不如什么也不说，假装不知道。很多时候，看破不说破也是一种交际手段。因为这样不仅可以保持双方之间融洽的关系，更是体现一个人高尚的个人修养。

一、看清场合，不说破

在一次足球比赛时，皇马队的阿尔杰·罗本因个人攻击欲很强，总是不愿和队友打配合，只要球传到自己脚下，他都会射门，结果可想而知，他踢得越独立，越是进不去球，白白把很多进球的好机会都浪费了，最后输了球赛。

赛后，皇马队的舒斯特尔教练接受记者访问时被问到对阿尔杰·罗本今天的表现有什么看法时，舒斯特尔说："足球是一个需要团队合作的运动，所以我并不会把一场球赛的输赢归结于哪一个球员，球赛输了，所有的队员都应该负有一定的责任。就像我知道火箭能够成功发射，是靠十几个人的团队精诚合作创造的奇迹。假如团队中有人想独揽这份荣誉，单独冒进，火箭是不可能成功发射的。"后来阿尔杰·罗本听到了这番话，意识到了自己的问题，决定改进，渐渐地与队友配合得越来越默契了。

不分场合地指责别人的错误，只会让人难堪和感到反感。很显然，舒斯特尔教练是知道这场球赛输掉其实是由于阿尔杰·罗本太过"独立"导致的，但是他更明白，如果在当时的场合下，指出这个事实，既挽回不了既定的事实，还可能影响阿尔杰·罗本的职业生涯，所以他并没有说破，而是用另一种说法说明了足球运动中合作的重要性。这样在不伤人面子的情况下，使人看到自己的缺点，既给了对方一个台阶下，也让人更容易接受。

二、看清对象，不说破

汉武帝的时候有个叫田鼢的丞相，大家都知道他并没有什么真才实学。一天一个叫灌夫的将军当着田鼢的面说："你田鼢算什么，本就是靠阿谀奉

承起家的，有什么好得意的。”田蚡听了这话十分生气，竟下令将灌夫斩了。之后又跑到同僚徐冲那里抱怨别人轻视自己，徐冲也知道田蚡是什么样的人，但也明白他脾气火暴，不能直说，于是劝道：“灯笼高挂，虽引人注目，但无重力；铁球躺地，虽有重力，但不被瞩目，倘若您将铁球高高挂起，不就镇住别人了吗？”田蚡听后心领神会，面露微笑，朝徐冲点点头表示认可。

不看说话对象，尤其对方是心胸狭窄的人时，看破即说破对方的缺点，是很容易惹祸上身的，好心反而遭到嫉恨。徐冲就是知道这一点，所以即使知道田蚡是个胸无点墨的人，也没直说，而是以灯笼和铁球作比，说明只有人有知识和教养，才能受人尊敬。这样不仅维护了对方的自尊，还让人感到了真诚。

三、看清时机，不说破

创业不久的比尔·盖茨突然接到IBM公司的老总沃森的邀请，一起合作开发一款软件，签订合同时，IBM公司提出要求，微软必须严格保守IBM的所有秘密，而IBM则不用对微软公司的秘密负任何责任。比尔·盖茨看到合约时，一眼就看出对方就是在故意欺负自己，但是他也明白，自己公司刚刚起步，必须抓住这次机会，所以他当作什么也不知道，反而自谦地说：“小羊跟在头羊后面肯定能吃到好草！”IBM的负责人听了这话十分受用，当场承诺会给微软公司更多的方便。最后合作案成功，比尔·盖茨也在合作中学到了不少经验，一跃成为商界精英。

在自己实力较弱时，只要能为自己赢得合作和学习的机会，即使看破了强者的霸道和不公平，也不必说破，否则只会让对方觉得自己自不量力。比尔·盖茨就是因为深谙这个道理，所以面对比自己强的IBM时，明知道对方欺负自己，反而更降低自己的姿态，最后得到帮助，获得了成功。

在生活中，对于身边人做出的不妥之事，有时我们会一眼看破其本质，但是碍于对象、场合和时机，并不适合说破，否则，既容易让人下不了台，又可能伤了情分，达不到应有的谈话效果。因此，看破不说破，想办法委婉地表达你的意见，才是交流成功的大智慧。

人生点睛

看破不说破是一种“与人余地，与己余地”的稳妥态度。谁都有面子，也讲面子，不管什么时候，为别人的私事保密都是一个人必须做到的。当面戳穿别人的秘密既是对别人的不礼貌，也不利于以后的合作。

学会放弃，让自己轻装上阵

放弃是指为了长远的、远大的目标，放弃眼前的利益，学会放弃就是要学会这种拿得起、放得下的精神。放弃并不等于失去，而是为了更好地拥有。只有放弃娇艳花朵，才能撷取丰硕的果实；只有放弃美味佳肴，才能拥有健美身材；只有放弃个人恩怨，不斤斤计较，才能成就伟大理想；只有放弃浮世虚名，才能铸造高洁品行……放弃该放弃的，你就会获得最大的成功。

放弃其实也是一种选择，就像在人生的十字路口，我们必须学会放弃不适合我们的道路，选择更适合我们的方向一样，这并不是逃避，而是为了更好地往前走。很多人都习惯了不撞南墙不回头，但这其实是极端不理智和不负责任的行为，并不能为自己带来什么实质性的收获。

有三个商人，一起去很远的地方挖掘金矿，三人历经艰险，花了十年的时间，如今终于要带着自己的财富回国与家人团聚了。三个人分别带着一船的黄金，准备回家。谁知船行到一半时，不幸遇上了暴风雨，第一个商人不愿丢掉金子，结果和船一起沉没了；第二个商人丢了一半的金子，结果船行驶了一会儿，越来越重，船里的水越灌越多，也沉没了；第三个商人丢掉了所有金子，结果顺利脱险。后来他又带着船队来到丢掉金子的地方，在附近打捞出了三条船上的黄金，拥有了三个人的财富。

生活中有悲有喜，有苦有乐，有得有失，我们要想成功，使自己的人生有所建树，就必须在必要的时候舍弃一些不那么重要的东西。就像第三个商人一样，如果只有舍掉财富才能保住性命，那就必须当机立断放弃财富，因为人只

有有了生命，其他的一切才有了可能。否则就只能像了另外两个商人那样，既没有保住财富，也丢了性命，实在不值得。

社会竞争越来越大，越来越多的年轻人感到压力太大，负荷太重，其实等你走过这段很特殊的时期，你会发现，很多压力都是自己强加给自己的。人都有欲望，这也是我们奋斗的动力，但人一生的经历是有限的，如果什么都想要，胡子眉毛一把抓，不懂得放弃，那么到最后可能什么也得不到。

放弃不是逃避，更不是偃旗息鼓，而是在看透主要与次要，看清真实与虚伪后所做的选择。学会放弃，其实就是静下心来，当一次自己的医生，给自己把把脉，找到人生最重要的东西，并为之努力。

年轻人，丢掉身上那些压得自己喘不过气的负荷吧，找到自己的方向，轻装上阵，你会发现美好的未来正向你张开怀抱。

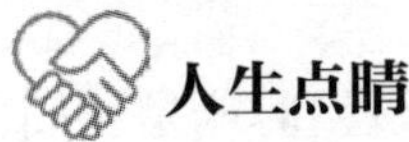

人生点睛

放弃并不是要我们逃避责任，躲起来，而是丢掉身上那些不必要的包袱，包括对未来不切实际的规划、对金钱的欲望、不成熟的想法……学会放弃，不只是让我们轻装上阵，更是为了让我们真正成熟起来，认清自己未来的方向。

放下何妨？生命本就不用如此沉重

放下，是一门心灵的学问；学会放下，则是一种生活的智慧。人生在世，有很多东西都是不必要的，有很多事都是需要放下的，只有这样我们才能腾出空间和时间，拥抱真正的快乐和幸福。

世界上没有两全其美的选择，中国古代的伟大思想家孟子也曾说过：鱼和熊掌不可兼得。如果我们什么都想抓住，什么都放不下，那最后就是什么也抓不住，什么都会溜走。

一个年轻人背着一个又大又重的包裹，不远万里地跑到山上来找无际大

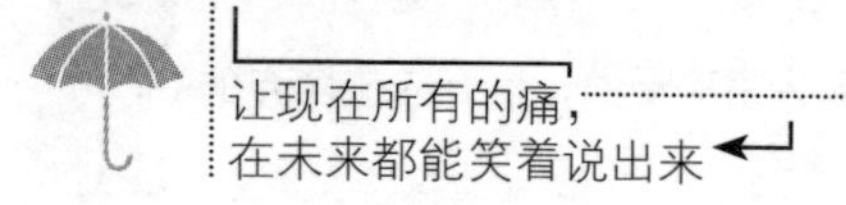

师。到了山上，他说："大师，我是多么孤独呀，我无时无刻不被痛苦和寂寞包围。因为长期的跋涉，我现在已经疲倦到了极点，我的鞋子磨破了，双脚也被荆棘割破了；后来手也受伤了，一直流血；现在嗓子因为长久的呼喊而喑哑……为什么奔波了那么久，我还是找不到心中的阳光？"

大师问："你背上的大包裹里装的都是什么？"

青年说："它们啊，都是对我来说很重要的东西，有我每一次跌倒时的痛苦，每一次受伤后的哭泣，每一次孤寂时的烦恼……我正是靠了它们，才能走到您这儿来的。"

无际大师听完，带着年轻人来到了山下的河边，他们一起坐船过了河，到了岸边，无际大师说："你扛着船和它一起赶路吧！"

"什么，扛着船赶路？"青年十分吃惊，"它这么沉，我怎么扛得动它呢？"

"是啊，孩子，你扛不动它的。"大师微微一笑，说，"过河时船是我们必备的工具，没有它我们根本到不了这边，但是到岸了，我们就得放下它了，如果再带着它，它不但帮不到我们，反而会成为我们的负担、累赘。孤独、痛苦、灾难、寂寞、眼泪，它们让我们的人生得到升华，对我们也很有用。但是一直抓着它们不放，就会成为人生的包袱。放下它吧！孩子，生命不能太负重。"

青年听了无际大师的话，放下包袱，继续前行，这一次，他不再郁郁寡欢、顾影自怜了，他发现自己的步伐轻松愉快，比以前快了很多，这时他才明白，原来生命是可以不必如此沉重的。

人的一辈子很长，我们想要的也很多；但是人的一辈子也很短，所以能真正抓在手里的其实很少。像故事中的年轻人那样，学会放下那些不必要的东西，你会豁然开朗，再继续前行时也会轻松很多。

放下压力，你会发现，累与不累完全取决于自己的心态；放下烦恼，你会发现快乐其实很简单，就蕴藏在生活的点点滴滴之中；放下自卑，你会发现自己其实很不错，升值的空间很大；放下成见，你会发现和敌人握手，其实也不是很难！学会放下，生命本不该如此沉重的。

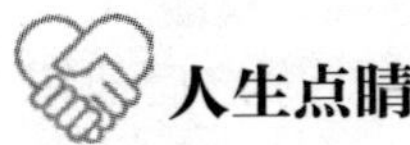

人生点睛

刻意去找的东西，往往是找不到的。是你的就是你的，不是你的就不要强求。但这并不是要我们变得懈怠、懒惰，而是希望大家能放下不必要的执着，不需要的东西，腾出手来抓住真正属于自己的快乐和幸福。

既要拿得起，也要放得下

人们常说要“拿得起，放得下”。如果我们凡事都斤斤计较，一定要争出输赢，不管结果如何，但有一点是可以肯定的，那就是一定不会开心，因为人时常处于愤怒、纠结的情绪中，就算赢得了胜利，也失了风度，是很难快乐起来的。

“拿得起”指的是一种积极的人生态度，工作中拿得起，肯定能得到同行尊重；生活中拿得起，肯定能赢得友人信赖。但是光拿得起是不够的，还得放得下，就像举重这项运动，你得把杠铃举起来，但是能把杠铃放下去才算一套完整的动作。人生也该拥有这样的心态。

一位农夫和一位商人一起到街上寻找财物，走了半个时辰的时候，他们发现了一大堆还没被烧焦的羊毛，两人各分一半，捆起来背在背上继续前行。往前走了一段路之后，他们又发现了一些质量还不错的布匹。农夫放下羊毛，选了几匹比较好拿的继续往前走。商人见这些布能换些钱，便一股脑儿把剩下的都背上了。这么多布再加上刚刚的羊毛，商人再往前走时，身体已经被压得直不起来了。但是想到背着的都是财富，商人也没有抱怨，仍旧和农夫一道前行。

两人又走了一段路，发现路边有一些银质的餐具，农夫扔下布匹，捡了些银质餐具擦干净背上，继续往前走。商人也想再拿些餐具，但是背上东西太多，他实在蹲不下来，只好作罢。两人回程的路上，忽然风雨交加，商人背上的羊毛和布匹全被打湿了，重量成倍增加，终于将饥寒交迫的他压垮，倒在了泥泞中，再也没起来。而农夫则带着银质的餐具顺利地回到家，到家之后他用变卖银具的钱做了一笔小买卖，生活开始富足起来。

两人一起出发，商人最后的结果却与农夫截然不同，最重要的原因就是他放不下造成的。人的时间是有限的、精力是有限的，不可能把所有想要的都抓在手里，所以除了拿得起，还得学会放下。就像我们的人生一样，大千世界，诱惑太多，想要的也太多，要是全部拿只会累死人，该放的时候学会放下，会生活得更快乐。

有个人赶着上早班，坐地铁的时候，眼见地铁门要关，他一着急结果把一只手套掉在了门外。周围的人看他若有所失，便安慰道，还好只是掉了手套，人没事就好。但是这时他却做了一个出乎所有人预料的事情。他取下另一只手套，把它从窗户扔了出去。大家不解，他笑着说，既然只剩一只，这只手套对我就没什么用了，那我留着它除了徒增懊恼，还有什么用呢？

是啊，已经没用的东西，还抓在手里有什么用呢？其实有时候放下也是解脱，生活中很多负担其实都是我们自己强加给自己的，是没必要担着的，就像那只没用的手套一样，不如丢掉。

人生点睛

俗话说："人生不如意，常十有八九。"如果我们一直纠结在那些让我们不开心的事情上的话，那么你大部分的时间就都会是在烦恼中度过了。人只有拿得起放得下，才能丢掉那些不必要的包袱，握住幸福。

有所为有所不为，才能大有作为

"有所为有所不为"出自《孟子·卷八·离娄章句·下》："人有不为也，而后可以有为。"意思是说人的精力是有限的，只有放弃一些事情，才能在别的一些事情上做出成绩。这句话延伸到我们的生活中，也十分合适。一个人的精力、能力、财力都是有限的，什么都干的结果是什么也干不好，什么也

干不成。

一个人一生中把一件事干成，干好，干出名堂，就很不错了。在纷繁复杂的工作中，必须抓住事情的重点。只有抓住事情的重点，把力量集中起来，才能形成一种看准一件干一件，干一件成一件，不干则已，干则必成的作风。这样便可以取得事半功倍的效果，否则，就只能是什么都想要，却什么都没有了。

有个小男孩考上了一所师范学院，但是在师范学院上学的时候，小男孩喜欢上了唱歌。毕业的时候，男孩犯难了，不知道该怎么选，最后他决定先教书，用业余时间认真练习唱歌，等待机会成为歌唱家。

小男孩的爸爸知道他的想法之后，并没有反对，而是让他搬来两张凳子。小男孩的爸爸把凳子分别在他的左手和右手边放好后，问道："儿子，你可以同时坐到两把凳子上吗？"

"不能。"小男孩说。

"很多时候我们都想同时坐到两张凳子上，但这是不可能的，如果我们强行这样的话，最后的结果就是从凳子上狠摔下去。"

小男孩听了爸爸的话，知道自己必须在这个两难的选择里做出自己的抉择了。最终他选择了自己更加喜欢的唱歌，几年之后小男孩成为了一名伟大的歌唱家，这个小男孩就是意大利的帕瓦罗蒂。

生活中，像帕瓦罗蒂这样面临两难抉择的时候实在是太多了，而且很多时候，我们不能像帕瓦罗蒂这样迅速抓住重点，这也是大多数人只能过平庸日子的原因。如果这种平庸的日子就是你想过的，那么就尽管在两张凳子上都试试吧；如果你还有顾虑或者什么都想抓在手里，那么尽可以两张凳子一起坐，然后等着从凳子上摔下，得不偿失。

古时候，有个砍柴的樵夫，本来做柴火生意做得好好的，但是看见很多乡亲在山上挖蘑菇卖了很多钱，便抛下斧子去山上挖蘑菇。因为不得要领，挖的蘑菇没有人要，不到一个月，樵夫便放弃了。这时他又看到村里有个打铁匠，每天去他家里打工具的人络绎不绝，便又动了做打铁匠的主意。但是打铁是门技术活，结果可想而知，樵夫在一次给客人打菜刀的时候，因火候不当，烧伤了手，这下不但打不了铁，就连原来砍柴的活也做不了了，最后只能活活饿死。

人的精力是有限的，时间也是有限的，不可能把所有事情都抓在手中。一生之中，能把一件事做好、做到极致就已经是一件很了不起的事了。眉毛胡子一把抓，是不会有什么好结果的。该放弃的时候学会放弃，只有这样，才能在自己的领域里大有作为。

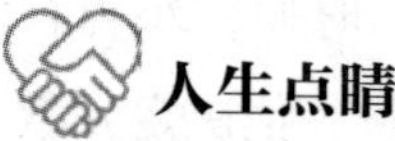

人生点睛

有所为有所不为，不但是要求我们集中力量办事，还要求我们必须具有精准的眼光，做出最正确的选择。定义这个最正确的标准很多，它可以是你最擅长的，也可以是你最喜欢的，总之一定要是你在选择之后可以一直坚持下来的。

别抱怨命运的不公

月有阴晴圆缺，人有旦夕祸福。所有的事情都有好的一面也有坏的一面，没有哪一件事是绝对的“好”的。而我们之所以常常抱怨命运不公，是因为我们总是对自己的处境抱着一种悲观、埋怨的态度，看到的总是生活中不好的一面，而忽略了生活中阳光、积极的另一面。

其实上苍真的很公平，那些抱怨它的人只是因为还没能发现命运放在他身边的那些赏赐，反而舍近求远，到别处去找，找不到就开始抱怨命运对自己的不公。实际上，改变命运的机遇往往就在自己身边，准确地说，应该是在自己心里。

谢媛和千枝荷大学毕业后，就一直在峰峻公司内勤部办公室做事，到现在已经有4个年头了，都算得上是老员工了。但是万万没想到，今年公司按照往年的惯例进行裁员的时候，她们都出现在了裁员的名单上。消息传到两人耳朵里的时候，两个姑娘都委屈得红了眼眶。

第二天上班，千枝荷的情绪依旧很激动，对谁都是一副爱答不理的样子，更谈不上好脸色了。但是她又不敢直接去找老板理论，于是跑到主任那里抱怨、在同事那里不断哭诉："凭什么裁掉的是我，我也算是资历老的员工了……""这样对我们这些老员工不让大家寒心吗，真的是太不公平了。"看到她声泪俱下、义愤填膺，同事很同情她，但是大家也没有帮她的办法。而且她只顾着哭诉申冤，以至于连自己分内的工作也耽误了。

原本她在公司人缘还是挺好的，大多数人和她关系也不错，可是她现在见了人除了抱怨就是抱怨，渐渐地大家都有点害怕和她单独待在一起了，一开始是能躲就躲，后来就是干脆有些讨厌了。

谢媛虽然听到消息那天回到家也狠狠哭了一顿，但是第二天上班她很快就调节过来了，依旧像往常一样，积极做着自己的工作。知道内情的同事都不好意思再像往常一样吩咐她做这做那，她便主动找大家揽活。面对大家同情的目光，她笑笑说："是福不是祸，是祸躲不过。事情已经发生了，再想也没有用，还不如打起精神把最后一个月做好，这样才不会留下遗憾。"就这样她每天依然勤快地奔走在各个部门之间，坚守在自己的岗位上，随叫随到。

一个月满，千枝荷如大家预料的那样被裁员，但是谢媛却被留下来了。主任开会时向大家传达了老板的原话："谢媛的工作，没有谁能替代，像她这样的员工，公司永远不嫌多。"

面临困境的时候，先不要急着抱怨命运的不公，因为抱怨不仅不能助你改变现状，还会让你变得痛苦不堪。最重要的是，一直处在怨天尤人的情绪中会把事情变得越来越糟，错过解决问题的最佳时机。

命运对每个人都是公平的，它在向你关闭一扇门的同时，也会为你开一扇窗。世上的很多事都不是绝对的，我们看到的只是其中的一面，如果你看到的这一面是痛苦的，那也是可以转化的，关键就看你怎么处理了。如果你只是一味地抱怨、自暴自弃，那么很抱歉，就连这扇窗，上天也会关上。但是如果你能勇敢承受打击，直面困难，那么你就会在挫折中不断成长、壮大，最终获得自己想要的成功。

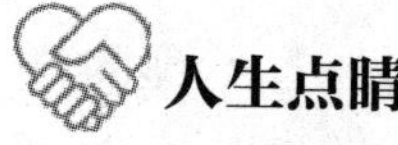

人生点睛

世上最没用的事情就是抱怨，别人最不愿听的也是抱怨的声音。与其把时间花在这种没用的抱怨上，还不如多学点有用的知识，努力把自己从低谷中拉出来。用阳光积极的心态面对生活，你会发现生活其实处处充满阳光与希望。

第08章 为成功找方法，在思考中找思路

谁都有不开心的时候，谁在向着目标迈进的时候，都会遇到困难与挫折，都难免会陷入“瓶颈”期。但越是这个时候我们越是不能轻易放弃，前路越是艰难，我们越要勇敢面对，在挫折和失败中总结经验教训，找对方法，然后继续前行。

聪明人也爱装“糊涂”

生活中，很多时候人们所遭遇的烦忧，大多数源于自己的选择。你不妨选择去关注那些恼人的冒犯者，不去想那些不值得自己关心且琐碎的事情。这便是强而有力的一步棋。面对攻击，假装糊涂，报之一笑，会让你更显气度；另外，面对攻击时，置之不理，装聋作哑，则会让你的对手不知所措。

对那些烦琐之事不予理睬，你便不会陷入那心劳日拙的无边纠葛之中，更不会伤及你的尊严。面对那些令人烦恼的小角色，最好的手段就是装糊涂，不用理会他们，假装糊涂。若是在这些无用的纠葛中为他们浪费过多的精力与时间，只能是你自己的过错，那才是真的糊涂了。

对于最终对你无法造成伤害之事，只要学会假装糊涂，就能转身对其不予理会。若是选择对其不予理会，你的魅力也会得以增强。同理可得，与之相反的途径，你参与进去，只会使你的地位被削弱。

《纽约时报》在1971年对外公布了五角大楼的文件，其内容是一段关于美国涉足中南半岛的历史，对于尼克松政府无能防卫这类伤害性极大的泄密事件，基辛格很是生气，所以对此提出建议，最终成了一个团体名为“水管工人”，其任务就是塞住这些漏洞。后来，造成尼克松下台的原因，就是因为这个部门闯进民主党位于水门大厦的办公室，引发一连串事件。

其实，在一开始，公布五角大楼文件这一事件并未对尼克松政府造成威胁，然而整件事件之所以会被闹大是因为基辛格的反应。他为了解决一个问题，弄巧成拙地制造出了另一个问题，就是对于安全的偏执妄想。结果可想而知，其破坏力对政府更加严重了。若是对于五角大楼泄密事件不予理睬，其造成的丑闻终将烟消云散。

当你遭遇来自他人的攻击时，答非所问，或者喧宾夺主地愉快回应，转移人们的注意力，可以让他们清楚地知道，对于攻击你压根不在意，表现出你的气度。当你自己犯下大错时，最好的回应就是轻松对待，将错误降至最低。

有一个女孩，她平时话很少，待在公司也只是默默地工作，不和其他人交流，但是脸上总是充满微笑。

有一年，公司里来了一个好斗的女孩子，在她的主动攻击之下，同事纷纷辞职或请调。

最终，她将矛头对准了那个沉默寡言的女孩。她对着那个沉默的女孩噼里啪啦一阵攻击，但是出人意料的是那个沉默的女孩只是微笑着，一句反驳的话都没有，偶尔也只是回答一句："啊？"最终，好斗的女孩被气得溃不成军，满脸通红，一句话也说不出来了，只有偃旗息鼓。一个月后，好斗的女孩提出了请调申请。看到此处，你一定会觉得，那个沉默的女孩怎么会有如此好的修养呢！

然而，真实的情况并非如此，其实那个沉默的女孩只是因为听力不太好而已，即便对于理解他人的话不会有困难，但却总是反应慢半拍，当她仔细地聆听某个人的话语并思考其中意味之时，脸上总是会潜意识地浮现出茫然、无措的表情。

那个好斗的女孩对她攻击了半天，白白浪费了气力，她的回答却只有一个"啊"字表示她的不解，对方看到的也只有她无辜而茫然的表情，毫无意外会败下阵来，把自己气得不行，最后黯然收场。

这个故事说明了一个道理：假装糊涂并不意味着真的糊涂，有时候它能够让你避免卷入纷争的旋涡，聪明的人都会做这样的选择。对于来自他人的不足挂齿的冒犯，最强而有力的回应就是置之不理，假装糊涂。一旦你表现出受其影响，或是你感觉自己受到了冒犯，只会让你无形中承认是真的出了问题，因此不如沉默是金，装聋作哑。

人生点睛

"装糊涂"最重要的其实在"装"这个字上面，只有把"装"做好了，才能真正达到避开纷争的效果，并不是说人真的就糊涂了。“装糊涂”是人在面对不必要的麻烦的时候一种聪明的选择，并不是任何情况下都适用，如果是已经伤害到我们切身利益的事情，我们则不能一味地躲避，而是应该拿起法律武器，保护自己的合法权益。

细节决定成败

细节往往因其“小”，而容易被人忽视，掉以轻心；因其“细”，也常常使人感到烦琐，不屑一顾。但就是这些小事和细节，往往是事物发展的关键和突破口，是关系成败的“双刃剑”。一群人去面试，进门的时候大家发现门口有一把倒了的扫把，前面的人都选择绕过它进门，只有一个男生选择把它扶起来放到一边再进去，最后扶扫把的那个男生被聘用了。这个大家耳熟能详的故事说的正是不能忽略细节的道理。扫把倒了，本来不影响面试，但是扶不扶这个小细节却能充分体现面试者的责任心和细心程度，而这正是面试官想要知道的。

看不到细节，或者不把细节当回事的人，对工作缺乏认真的态度，对事情只能是敷衍了事。这种人无法把工作当作一种乐趣，而只是当作一种不得不受的苦役，因而在工作中缺乏工作热情。他们只能永远做别人分配给他们做的工作，甚至连这些也做不好。而考虑到细节，注重细节的人，不仅认真对待工作，将小事做细，而且注重在做事的细节中找到机会，从而使自己走上成功之路。

许多年前的一个阴云密布的下午，雨忽然说下就下下来了，因为来得太突然，街上的行人纷纷到路边的商铺躲雨。一位步履蹒跚的老太太也来到费城百货商店躲雨，售货员们看她一身狼狈，脏兮兮的，都对她视而不见，没有搭理她。

这时一个年轻人走过来诚恳地对老太太说：“夫人，有什么我可以帮到您的吗？老妇人笑了笑，说：“没关系，我在这站一会就好，等雨停了就可以

了。”老妇人随后又开始不安了，自己在人家屋檐下躲雨，却不买东西，似乎也不太好。于是她走到百货店里，想着挑点东西，哪怕是一条小丝巾也好呀。

正当她在货柜前犹豫不决时，刚刚那个小伙子走过来说：“夫人，没事的，您不用感到为难，我给您搬个凳子，您在这休息一会，等雨停再走。”两小时之后，天终于放晴，老妇人谢过那个年轻人，并找他要了一张名片，然后蹒跚着步子走出了商场。

一转眼，好几个月过去了。这天，有人给费城百货公司的总经理詹姆斯送来了一封信，信中要求将那位招待老太太的年轻人派往苏格兰收取一份装潢整个城堡的订单，并且连自己家族所属的几个大公司下一季度办公用品的采购订单也让他承包了。詹姆斯十分惊喜，匆匆一算，这一封信所带来的利润，相当于他们公司两年的利润总和了！

詹姆斯立刻和写信人取得了联系，原来这封信是当初那位到商场避雨的老太太写的，而那位老太太正是美国亿万富翁“钢铁大王”卡内基的母亲。

詹姆斯赶紧把那位叫菲利的年轻人叫来，并把他推荐到了公司董事会上。毋庸置疑，当菲利打起行装飞往苏格兰时，他已经是这家百货公司的合伙人了。那年，菲利刚满22岁。

随后的几年中，菲利用他的一直以来忠实和诚恳，成为“钢铁大王”卡内基最信任的帮手，事业越做越好、越做越大，成为富可敌国的重量级人物，在美国钢铁行业仅次于卡内基。

细节决定成败，菲利从一个普通的售货员成长为一个富可敌国的重量级人物，很大一个原因，就是因为他注意细节，发现了老太太的需要，那一把椅子可能不算什么，却为他赢得了机会，让他走向了成功。

不论做什么工作，都要重视小事，关注细节把小事做细、做透、做精，要时刻记住细中见精、小中见大这一平凡的真理。再高的山都是由细土堆积而成，再长的河海也是由细流汇聚而成，再大的事都必须从小事做起，先做好每一件小事，大事才能顺利完成。一个细节的忽略往往会铸成人生大错，而重视每一个细节也可能会让人生发生质的改变。

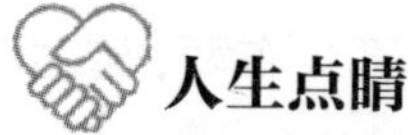

人生点睛

无论做人，做事，都要注意细节，从小事做起。古语有云：天下大事，必作于细；天下难事，必成于易。生活中无处不在昭示着这样一个道理：要想取得最后的成功，就要注重每一件小事、每一个细节，即细节决定成败。

别把喜怒哀乐写在脸上

就如同月有阴晴圆缺，人有喜怒哀乐，各有不同。作为人的内心表达，脸色可谓是心情的晴雨表。人有不同，脸色也各不相同，心事也千变万化。《菜根谭》说：任何一种单一的方法能解决的只是与之相关的特定问题，都有无法避免的副作用。对人太宽厚了，则无法约束，导致无法无天；对人太严厉了，则万马齐喑，死气沉沉。有一利必有一弊，难以两全。

善于谋事的人，总是能够根据形势的改变而不断地变换脸色，从而应对各种可能出现的突发状况，这种变脸的过程，总能让人想起川剧变脸，那快如闪电的更换面具的技巧，着实令人击节称赏。要怎样变脸不为人所察觉，的确是一门非常高深的学问。然而，在聪明的人脑中，自有其厉害之处。由此观之，若想灵活转换脸色，不但需要丰富的经验，而且需要有高深的技能，想要驾轻就熟地掌握它，则需要花大功夫。

萨芬娜是世界女子网坛的著名选手，虽然她在世界女子网坛排名第一，但是每到巅峰对决时她总会自我投降，这多多少少让人有些疑惑。

其实，这仅仅是由于萨芬娜的心智还不够成熟造成的，在赛场上，常常充斥着她的失落、沮丧，甚至是愤怒摔拍的非理性镜头。她并没有将自己的情绪控制好，在罗兰加洛斯时，萨芬娜曾被来自塞尔维亚的美少女伊万诺维奇直落两盘。之后，又在澳大利亚网球公开赛上只坚持了1小时就被小威击败，随之而来的是以0比2的比分败给了同胞库兹涅佐娃。虽然是同样被横扫，但萨芬娜得到了三个亚军银牌，却让对手为之遗憾惋惜。

“她给自己施加了太多压力。”库兹涅佐娃说，“而我做的只是走进赛场，全身心投入另一场比赛。”在决赛的前后，库兹涅佐娃都表现得相当冷静，然而萨芬娜又何尝不想如此。决战前，她甚至还有意给自己减压：“我已经是世界第一，没人能够将其从我这里夺走，这会让我身心都轻松很多。”然而，萨芬娜还是太年轻了，她没能好好地将自己的情绪稳住，再次与大满贯冠军擦肩而过。

确实，若是没有一定阅历和知识的支撑，想做到喜怒不形于色对于我们来说是相当艰难的。但是，学会喜怒不形于色，善于隐藏自己，方是我们的生存之道。若要掌握这种喜怒不形于色的技能，我们首先必须保持一颗平和之心，当你为了取得一点成功而暗自得意时，切莫忙于兴奋，一定要及时静下心来，为未来更好的发展而准备；当你遭遇一时的失败时，切忌因苦恼而萎靡不振，此时的你也需要平心静气，找寻失败的原因，重振旗鼓，为成功而努力。

一般情况下，遏制愤怒情绪的发作，有利于自身健康，有利于和谐相安，有利于团结他人，有利于社会安定，更利于自己的事业发展。综览世界，成大事者，皆善于喜怒不形于色，一时之气，不但伤身，更会妨碍到未来的可能即将到来的成功。

人生点睛

喜怒不形于色，始终保持淡然的神态，不具备一定的知识和阅历的人，尤其是刚刚步入社会还不成熟的人，是难以做到的。从情绪中把喜怒哀乐抽离出来，你便可以理性、冷静地看待它，思索它对你的意义，进而训练自己学会控制喜怒哀乐，做到喜怒不形于色，让人不会轻易读懂你，你肯定不会吃亏。

做自己的主人

人生最大的学问就是，如何把握自己的命运，做自己的主人。命运掌握在我们每个人自己手中，只有能真正掌握自己命运的人，才能算是完全独立的人，才可称得上自己的主人。

不能把握住自己命运的人，骨子里都是软弱的，就像没有了主心骨，总是在最关键的时候，犹犹豫豫，畏缩而不敢向前，最终只能是错失良机，把握不住自己的命运。知道把命运握在自己手中的人，他们有自己的思考，更有自己的辨别能力，在一些事物面前，分得清轻重缓急。这种人，往往能提倡一种奋起自强的精神，无所顾忌地走自己的路。

做自己的主人，也就是要把握自己自主选择的权利。在社会中生活，我们会面临大大小小无数的选择，只有在这些选择里拥有主动权，用积极的态度做出最利于我们成长的抉择，才能离成功越来越近。明白自己心里想要的和自己最看重的，慎重地做出选择后并积极行动，会比什么也不知道，盲目地往前走要好得多。

美国著名女演员索尼亚童年时一直住在渥太华郊外的一个奶牛场里。

当时她和周围的小孩子都在农场附近的一所小学里读书。一天放学后，父亲见她满脸泪痕地回到家里，便问她是不是在学校里发生了什么事，她告诉父亲，原来是班里的同学说她长得丑，还说她跑步的姿势太难看了，让她自尊心受到了伤害。

父亲听了她说的，并没有急着安慰她，只是微笑地看着她。忽然父亲说：“我能够得着我们家的房顶呢。”

索尼亚听完觉得很神奇，不知道父亲为什么这么说，便止住了哭泣反问道：“您说什么？”

父亲又重复了一遍：“我能够得着我们家的房顶呢。”

索尼亚仰头看了看自家的房顶，离地面至少也有4米高，父亲怎么可能够得着呢？她无论如何也不信的。父亲忽然笑了，得意地说：“不相信我能够着吧？那你也不用信你的那些同学，有的人说话是不符合事实的，不能老是被别人的意见左右，应该相信自己，按自己的想法做事情。

索尼亚二十四五岁的时候，虽然还没有大红大紫，但也算得上是小有名气。有一次，经纪公司给她安排了一个活动，出席一个集会。但是到了集会当天，经纪人告诉她，由于天气原因，参加集会的人减了一大半，会场的气氛很

冷淡。索尼亚知道经纪人这么说的意思是，她现在是新人，为了增加自身的名气，应该多把时间花在参加一些大型的活动上。但是索尼亚坚持要参加这个集会，因为她之前在报刊采访她时承诺过，一定会参加这次集会。

结果，那次集会，虽然因为下雨，一开始只去了很少的几个人，但是因为有了索尼亚的参加，渐渐地，越来越多的人聚集到了广场上，索尼亚的名气和人气也因此飞速上涨。

年轻朋友们，假如此刻，你还在人生的十字路口张望、徘徊，请记住，你是属于你自己的，任何人都不能代替你为自己的人生做决定。我们要听别人的意见，但是最后的主意却必须是自己拿，我们要做自己的主人！

常听到有人会这样说：路就在你的脚下，就看你怎么去选择了。其实任何事情都是这样，只要是你的事，最终就只能靠自己去选择。因为人生是自己的，只有我们自己才能担得起这个责任，才需要担这个责任，也必须承担这个责任。

人生点睛

命运掌握在自己的手中，不管是谁，都不可能替我们自己的人生做决定。只有把握自己的命运，做自己的主人，你才能掌握人生的主动权，成为无可替代的自己。

用微笑代替眼泪

人的一生，总会有离别的痛、不能满足的欲望和充满遗憾的追逐，总是追求圆满却无法圆满。弘一法师用“悲喜交集”四个字，一语道破玄机。人的一生，每一个场景都是现场直播，没有彩排，没有预演，无法回放，情节扑朔迷离，结局无法预料，遗憾在所难免，人人渴望圆满，所以永远挣扎在无休止的痛苦之中。但是痛苦本身并不能缓解这些遗憾，反而会让人徒添烦恼。

曾在一本书上读过这样一句话：“如果痛到无法哭泣，就试着用微笑代替。”遇到挫折，挺起胸膛，在无奈和隐忍中学会坚强，时过境迁，你会发现那些挫折和烦恼只是人生路上很小的一瞥，并不能主导你的人生，而且很多烦恼都是没必要的。如果你还在迷茫，请从无谓的烦恼中走出来，幸福就像身后的影子，只要向着太阳走，它就一直跟在你后头。

在美国艾奥瓦州的一座山丘上，有一间很特殊的房子，房子竟全是用天然物质搭建而成，住在房子里的人也很奇怪，需要依靠人工灌注氧气才能生存，而且和外界交流只能靠传真。

住在这所房子里的女孩叫辛蒂，十几年前，还在医科大学念书的时候，她从野外捉回了一些蚜虫。当她拿起杀虫剂为蚜虫清除化学污染时，突然感到一阵眩晕，她原本以为只是很普通的贫血，并没怎么在意，没想到自己往后的人生从此变成了一场噩梦。

杀虫剂里的化学物质使辛蒂的免疫系统遭到了严重破坏，她开始对所有含化学物质的东西过敏，甚至连空气都可能让她的支气管发炎。这种被医生定性为“多重化学物质过敏症”，是一种很奇怪的慢性病，没有药可以医治它。

刚开始的那几年，辛蒂的生活过得很艰难，她不能随意触碰身边的任何东西，否则就会出现心悸和四肢抽搐的症状。1989年，辛蒂的丈夫吉姆为她在山上盖了那座无毒的房子。辛蒂的食物都需要选择与处理好再送进去，就连喝的水，也只能是蒸馏水。

十几年来，辛蒂见不到花草，也无法听悠扬的音乐，她在那座房子里，饱尝孤独的滋味，更让她难受的是，不管有多难过，也不能流眼泪，因为眼泪对她来说也是有毒的。但是即使在这么难的情况下，坚强的辛蒂也没有放弃自己。她每天都在努力地为自己和所有化学污染物的受害者争取权益。她创建了“环境接触研究网”以便为那些研究这类病症的专家提供信息窗口。在这之后，她又和另一个组织合作，创建了“化学物资伤害资讯网”，现在这个网站每天都有成千上万的人浏览，不仅出了刊物，还得到了美国议院、欧盟及联合国的大力支持。

在最初的那段日子里，辛蒂每天都深陷在痛苦中，想哭却不敢哭，但是随着时间的推移，她渐渐改变了对生活的态度。她说：“在这寂静的世界里，我

的生活十分充实，因为不能流泪，所以我选择了微笑。”

生命是树，痛苦烦恼就是树下的落叶，谁也不可能把树下的落叶一次扫完，即使今天扫得很干净，明天它依然会落，痛苦和烦恼会伴随人生的每一个日子，然而幸福与快乐才是生活的本源。用微笑代替流泪，你会发现生活其实不只是有乌云，还有阳光！

人生点睛

“山重水复疑无路，柳暗花明又一村。”人生短短几十载，哭着过是一天，笑着过也是一天。与其把时间浪费在不能改变的事情上面，停在原地苦苦纠结，走不出来，还不如调整心态，乐观地生活。

不给自己留退路，置之死地而后生

当我们面对严峻的考验和重要的问题时，周全而细致的思考是必不可少的，但是有时候过多的权衡其实也是一种弊端，因为什么都要考虑，瞻前顾后的最终结果就是什么也做不了，简单地说就是事情不但不会有进展，甚至还会越拖越糟糕。

留退路有时候其实意味着没有退路，因此，遇到困难，首先应该做的是找出路，而不是想这想那，最后失去了机会，什么也做不了。成功者和失败者的一个很大的区别就是，成功的人都能够一心向着目标奋斗，为了达到这个目标，他们可以果断放弃与这个目标不相关的任何东西，尽最大的力量扫清障碍。

秦朝末年，秦国攻打赵国。赵军被秦军重重包围，退守巨鹿。楚怀王封宋义做上将军，项羽为副将率领军队救援赵国。

宋义带兵到安阳之后，一直按兵不动，持续了四十几日，副将项羽看到后很是不满，便请求领兵与秦军决一死战，解赵国之困。但是宋义却想着等到秦赵两军交战力竭后再去进攻秦军。

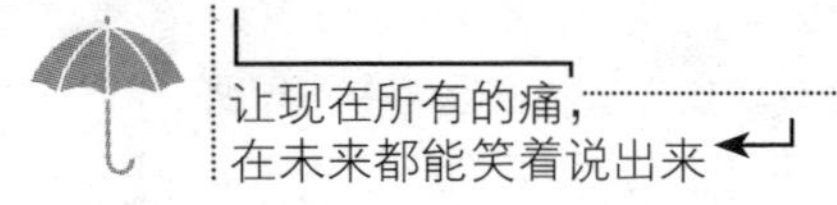

因长时间安营扎寨军中已经粮草不足了，但是宋义依然饮酒作乐，见此状项羽忍无可忍，进营帐杀了宋义，并且声称他叛国反楚，于是将士们纷纷拥戴项羽为上将军。项羽杀宋义取而代之的事，威慑楚国，名震诸侯。

这之后，项羽率领自己的军队渡过黄河前去营救赵军以解巨鹿之围。在全军渡过黄河之后项羽命令属下将所有的船只都凿沉、烧饭的锅都打破，营房烧掉，只留三天干粮，以此表现决一死战之心，再没有了后退的打算。

正是这支断绝了退路的大军来到巨鹿外围，断绝了秦军与外联系的通道。楚军将士以一当十，喊声震天。经过九次激战，最终大败秦军。而其他前来增援的各路诸侯军队纷纷吓破了胆，不敢靠近。楚军的骁勇奋战使项羽声威大震。以至战胜之后，项羽在辕门接见各路诸侯，众人都不敢与其对视。

破釜沉舟、背水一战的军队往往能获得胜利。同样，一个不给自己留退路，一心向前的人，不管遇到什么困难和挫折，都会坚强地挺过去，因为他没有后路可退，挺过去就是成功。相反，那些做事前怕狼后怕虎，给自己留了退路的人，总是意志不够坚定，因为他们总想着自己还有退路，所以刚碰到困难，便已经开始想着放弃了。

一个人能否成功，关键在于他意志力的强弱。现实生活中，我们常会见到这样的年轻人，他们富有上进心，也渴望能有一番作为。但是他们意志薄弱，没有必胜的决心，不敢破釜沉舟，遇到事情总是先想着退路，这样当困难一个接一个来时，他们就一步一步向后退，缩手缩脚，这样的人，这样的心态，最后遭受失败也就不足为奇了。

不给自己留退路，其实就是不给自己留犹豫的时间，这样人自然会竭尽全力，就算遇到千难万难也不会退缩，因为他们已经无路可退，最后只有彻底消除心里的恐惧，不断前进，才能置之死地而后生，方能找到生的希望。

人生点睛

虽然我们现在遇到的困难不至于像“巨鹿之战”那样让人进退两难，但这并不是说“破釜沉舟”的勇气我们就不需要了。在战国时期，“破釜沉舟”是砸锅沉船，那么在如今，“破釜沉舟”就是斩断自己优柔寡断和犹豫不决的思

想，坚定信念，遇到困难，勇敢面对，不要轻易退缩和放弃。

卸下生命中的不能承受之重

随着生活的发展，社会的进步，我们的居住空间一步一步地扩大，我们的视野也越来越开阔，但是我们的压迫感、紧张感并没有随着房子坪数的变大而减小，反而是越来越大了。一天天变化的人，一天天变化的社会环境，让我们感到措手不及。我们渴望轻松与快乐，却怎么也找不到通往快乐的通道，反而在这过程中，心情变得越来越沉重了。

生活中，觉得被自己的生活压得喘不过气的人越来越多，一个很重要的原因就是因为他们被生命不堪承受之重所累，因为他们被占有名包、名车、豪宅这些物质财富的欲望压制的疲惫不堪。的确，幸福一定程度上是建立在物质基础上的，但并不是有了物质就会拥有幸福与快乐的。美国心理学家戴维·迈尔斯和埃德·迪纳已经证明，物质财富是一种很差的衡量快乐的标准，人们并没有随着社会财富的增加而变得更加快乐。

杜唯出身农村，但是她并不甘心就这样在农村过一辈子，所以在18岁这一年，她离开了她生活了十八年的地方，一个人来到大城市打拼。一个女生，没有学历，也没有工作经验，生活的艰难，可想而知。但是杜唯并没有灰心，她想着自己就是奔着过好日子来的，不过上好日子她是不会甘心的。

后来她在酒店做前台的时候，认识了同在一个酒店做保安的小何，两人惺惺相惜，开始恋爱了。一开始两人也很甜蜜，但是渐渐地，杜唯却觉得心里不是滋味了。原来酒店还有一个前台——芊芊，都是前台，芊芊还没自己漂亮呢，但是她找了个有钱的男朋友，每天豪车接送，隔三岔五还有新包背。杜唯在看看自己，除了洗不完的衣服，吃不完的大排档，什么也没有。就这样，杜唯在不甘中和小何分手了，也找了个有钱的男朋友——一个经常在酒店开会的老板。

男朋友给杜唯买了房子，让杜唯辞了职，在家享受生活。但是杜唯却并没有想象中那么开心，虽然住在大房子，每天都有新包包，但是杜唯一周才见得到男朋友一次，他太忙了，因为他是有家室的人。没错，杜唯做了小三，一开始她也很不齿，但是她实在舍不得现在的生活，后来等她明白过来，她已经回不去了。她每天沉醉在纸醉金迷的物质世界里，过着金丝雀一样的生活，虽然什么也不缺，却再也找不回当初的快乐了。

人会在物质中迷失，其实一个很重要的原因就是他们不知道自己真正想要的，所以总是想在物质上尽量满足自己，结果回过头来才发现，这些不仅不能带给自己快乐，甚至还会给自己带来沉重的负担。

每个人都有各自的人生轨迹，我们不必羡慕别人，明白自己想要的，做好自己就好了。一味地羡慕别人，把不属于自己的东西强揽在身上，除了增加自己的负担，还会让你本身拥有的幸福感一点点被消耗殆尽。卸掉生命中不属于自己的那些包袱吧，轻装上阵，你会活得更快乐、更幸福。

人生点睛

人生就是一段不断前进的路途，强留路途上任何一个不属于自己的东西都是在往自己的行囊里增加不必要的负担，都是在消耗自己的能量。这些你不能承受之重你完全是可以卸下的，如果能让前进的步履更轻松，何不卸下它们，往前多走几步，去追求属于自己的美好呢？

另辟蹊径天地宽

生活中常见到有人一面抱怨人生的路越走越窄，根本看不到希望和未来，一面又继续因循守旧、不思改变，一条路走到黑。当我们在前进的道路上遇到困难时，总能听到别人或自己从心里鼓励自己：“坚持就是胜利。”所以即使是在苦苦坚持仍等不到结果的时候，我们也不想放弃，仍旧纠结于此，想不到要改变一下思路。其实，细想一下，适时的放弃不也是一种大智慧吗？如果另辟蹊径可以让自己路越走越宽，何乐而不为呢？

人们听说有位大师在深山住了十几年，练就了一身移山大法，都感到十分好奇，便结伴来到山上，求大师当众表演一次。于是大师在山的对面坐了下来，一会儿之后起身又跑到山的另一面，然后说表演完了。

众人疑惑不解，大师微微一笑，说："这世上本就没有什么移山大法，唯一能移动山的方法就是——山不过来，我就过去。"

其实很多事情都跟移山一样，是靠我们的能力没办法做到或改变的，但是我们可以改变自己的思路，有时候只要我们放下了盲目的执着，选择理智的改变，许多问题便可以迎刃而解。在我们碰壁的时候，不妨试着换个角度看事情，说不定又是另外一番风景。

阿伯特·卡米洛是一位十分著名的心算大师，每天晚上他都要站在一个台子上，让台下的观众随便给他出题。这位天才的心算大师还从没失误过呢。

一天晚上，一位先生走上台来，坐在这位心算大师的对面开始出题。

"一辆载有323名的汽车，到站后，新上来82人，下车了128人。"题目听到这，阿伯特·卡米洛很轻蔑地对着出题人笑了。

"在下一站停靠的时候，下去158个人，上了62人。"这位先生越说越快，"在下一站下去61人，上来76人；再下一站上来118人，下去92人；再下一站上来18人，下去89人。"

"完了吗？"心算大师胸有成竹地问他。

"不，请您接着算！"说完这位先生继续摇着头说，"火车仍旧往前开着，到了下一站，上来92人，下去27人；再下一站下去168人，上来245人。"这时，这位先生用手敲着桌子，说道，"我说完了，卡米洛先生！"

心算大师不屑一顾地咧了咧嘴角："你想现在就知道答案吗？"

"当然，不过我并不想知道车上现在有多少旅客，我只想知道这列火车一共停靠了几个车站？"心算大师听完问题，一下呆住了。

著名的心算大师也失误了，原因很简单，他给自己的心上了一把枷锁，只按照惯常的思维在思考出题人的问题，谁知出题的人问的却是另一个简单得让人忽略的问题。要想让自己时刻立于不败之地，就必须把心灵的枷锁去掉，不要让思维被惯性所束缚。

这世上，没有哪个人是从不犯错误，从没经历过失败的。所以失败并不可怕，重要的是失败之后可以重新站起来，醒悟了，明白此路不通后，赶紧转身寻找另一条出路。有时候面对困境，与其深陷其中，不如抽身出来，改变一下思路，换个角度，这样反而可以峰回路转、柳暗花明。

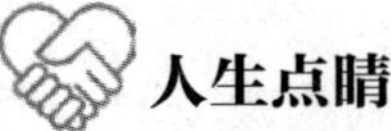

人生点睛

固有的生活习惯、思维固然有它的好处和优势，但这并不代表我们就可以因循守旧、一成不变。当我们发现我们现在走的路方向是错的时候，应该及时纠正，换一个方向，虽然这样可能需要从头再来，会绕更多的路才能到达终点，但是只要努力，总有到达的一天。

第09章 敢拼才能赢，没有不努力便成功的人生

什么也不做，就什么也没有。要想成功，就必须付出汗水与努力，做事畏头畏尾、缩手缩脚的人是注定成不了大气候的。想成功就不能怕失败，只有勇敢地去拼了，才能知道事情的结果。的确，走在最前面的人最危险，但是别忘了，最先摘到胜利果实的也是最前面的人。

果断出手，才能抓住人生的机遇

生活中，有很多人都喜欢哀叹命运的不公，认为别人遇到的都是四月的艳阳天，而自己碰到的则是腊月的寒冬天，然后感慨自己怀才不遇、生不逢时。但事实真的是这样吗？显然不是，上帝是公平的，他给每一个人的机会都是均等的，只是能抓住机会，并为自己所用的人太少罢了。

机遇真的是很奇妙的东西，就像小偷一样，来的时候没有踪影，但只要离开了，必定会让你有不小的损失。抓住机遇的人，可以凭着这个转折点，开创自己的辉煌人生，成为人中龙凤；但大多数都没能抓住机遇，最后只能碌碌无为地过一生。

19世纪中期，美国西部悄然兴起一股淘金热潮，成千上万幻想能一夜暴富的人涌向那里寻找金矿。在这些幻想发财的人中间，有一个叫瓦浮基的十来岁的孩子，他是因为家里穷，跑到这来碰运气的。因为没钱买车票，小男孩只能跟着大篷车，一路上忍饥挨饿，等他到西部的时候，那里已经聚集了不少人了。

不久之后，他辗转来到了金矿更多的奥斯汀。但是这有个很严重的问题就是气候干燥、十分缺水。有时候找金子的人在火热的土地上拼死干了一天之后，连一滴滋润嘴唇的干净水都没有。所以水成了这个地方的人最渴求的东西，水的价值被不断哄抬，已经到了一块金币换一壶凉水的地步！就在那些找金子的人发牢骚的时候，瓦浮基却从中看到了无限商机。他想要是自己能弄到干净的水，然后把水卖给找金子的人，说不定比找金子赚钱更容易。他看了看自己，身单力薄，论挖矿，绝对比不上别人，要不然也不会来了这么些天还一无所获了。不过如果自己改变方向去挖渠找水，那么他还是可以做得到的。

说做就做，瓦浮基找来铁锹，正式开始挖井打水。等井出水后，他又将凉水过滤，这样就可以饮用清凉可口的水了。他把这些饮用水转手卖给了那些找金子的人，不到一个月的时间，他就赚到了第一桶金。后来，他继续努力，成为了美国小有名气的企业家。

去美国西部之前，谁又能料到，那些不分白天黑夜辛苦找金矿想发财的人自己没有发大财，却合力造就了一个百万富翁呢？每个人的一生中都有成功的机会，但是最后成功的却只有少数，这不是因为那些没有成功的人没有能力，也不是因为他们没有理想，不愿为此付出代价，而是因为他们恰恰缺乏了成功的关键因素——抓住机遇的能力。

老天给每个人的机遇都是公平的，关键是你能不能果断出手，抓住机遇。只有果断出手，牢牢把握机遇，并能在机遇中找到发展的商机，才能最终走向成功。

生活的大门是向每个人都敞开着的，每个人都能创造机遇，都有改变命运获得成功的机会。而要想获得成功，就必须善于捕捉，不断创造机会，更要把一切梦想、希望和机会都付诸实践的行动。只有做出努力，付出牺牲，理想才能变成现实。

不想创业的人永远没有事业

在生活中，有的人虽然羡慕那些财源滚滚的成功人士，却又鼓不起信心自己创业，只能按部就班地过着并不喜欢的生活。许多人把这个难题归结为创业太难了。要是从现在开始，放弃稳定的工作，从头再来，实在是没这个信心。

创业难吗？说难也难，但是说不难也不难。阿里巴巴创始人，被称为“创业教父”的马云也曾说过：“创业的路是一条很艰难的路，除非你真的有一个

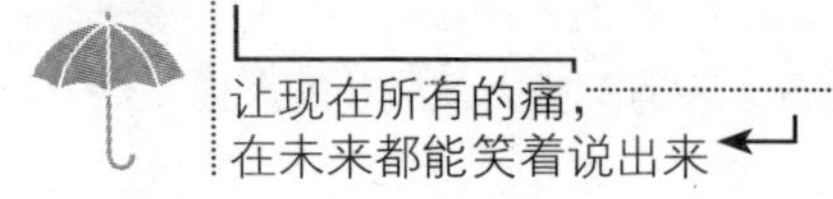

理想，否则别轻易上这条贼船。”但是他也接着这段话说道，“如果你已经开始创业了，你确实觉得这是你的理想，那就应该坚定地走下去。”所以创业难不难，关键看你是否有创业的冲动和成熟的想法，并且可以付诸实践，坚持走下去了。

当年，俞敏洪在北大教了4年书，而他昔日的朋友、同学却相继出了国，他的心也跟着蠢蠢欲动起来，于是，他开始紧锣密鼓地张罗出国的事。然而不幸运的是，努力了3年半，他的留学梦依然破灭了。

为了生存，也为了能够赚一些出国的钱，俞敏洪在校外办起来托福班，为了自己的出国梦辛苦而快乐地忙碌着，他也渐渐觉得自己离那一天越来越近了。1990年的秋夜，正当俞敏洪和朋友们喝酒聊天，讲着自己的出国计划时，北大的高音喇叭响了，学校宣布了对俞敏洪的处分决定。

这个处分决定被北大的高音大喇叭连播了3天，被北大有线电视台连播了半个月，而处分布告也在北大出名的三角地橱窗里锁了将近两个月。面对北大的这种行为，俞敏洪已经没有脸再留在北大，这个被扫地出门的北大教师，被“逼上梁山”，成为了一个“个体户”，一介书生，从此迈入江湖。

提到自己的成功，以及那些为了生存而辛苦打拼的过往经历，俞敏洪说：“如果一个身处绝境，为了生存而奋斗，那么不管他做什么都不会产生心理障碍。”这就是俞敏洪成功的原因。从最简单的事情开始，一点一滴，不顾外人的眼光和评价，即使身处绝境也坚持到底，毅然前行。漫漫创业路，就好像在茫茫大海上航行，有的时候一帆风顺，有的时候被大浪袭击。因此，创业过程中，总是充满了困难与挫折，只有那些勇于面对困难与挫折之人，才有可能打开财富之门；那些面对挫折心生胆怯而放弃的人，是无法前往胜利彼岸的。

不管创业还是守业，都会遇见许多问题，创业道路没有一帆风顺的，有时候困难程度超出想象，面对这些困境产生动摇心理选择退出也是再正常不过的事儿。然而，每个成功的人，每单成功的业务，每个成功的公司，都源于积累，只有不断地积累，才有可能进步与发展。

财富常常都是“熬”出来的，很多白手起家的富翁之所以会成功，并不是他们比其他人更聪明，而是他们比常人更坚忍，只要看准了，就不会放弃，越

“熬”就越有希望。对于大多数创业者来说，他们的起点都是一样的，最后谁能成功，就看谁更能“熬”，谁更有耐心了。

人生点睛

美国诗人弗罗斯特在《未选择的路》里写道：“一片树林里分出两条路，而我选择了人迹更少的一条，从此决定了我一生的道路。”没错，创业是一跳既艰辛又寂寞的道路，选择它，注定要遇到挫折，但是人不就是在挫折中磨炼出来的吗？与其每天守着自己不喜欢的工作，还不如勇敢创业，让人生多一种选择。

输得起才能赢得起

人生有时就像是一个赌局，没有人总是赢家，也没有人总是输家。这就像我们的生活中有风平浪静的时候，也有狂风暴雨的时候是一样的，但是有的人却无法积极地面对狂风暴雨，浪头刚打过来，还没反击就已经想着退缩了。这种人一旦经历失败，还没来得及反省，就已经崩溃了。但是没有谁的人生是没有挫折与困难的，我们只有经历了挫折与困难，才会变得越来越坚强，才能离成功越来越近。

失意是成长的过程中必不可少的音符，有了它成长的乐章才会抑扬顿挫，才会更华美。但是大多数人只看到成功的一面，却看不到成功的前面横着的一条河。这种人看起来很乐观，但常常盲目行动。有的人只看到失败，却不知道成功离自己可能一步之遥，输不起的人是不会赢得最终的胜利的。

牛丽丽是一家销售公司销售一组的组长，她的手下有十个销售员。牛丽丽十分好强，十足的女强人个性，所以对她底下的员工都十分严厉，不过正因为如此，他们组的业绩比其他组的业绩好很多，每次业绩评估都是第一，这样牛丽丽十分满足。

7月的时候，经理看上半年的任务已经超额完成，便决定带着三个销售小组的员工去郊区旅游三天，放松一下大家紧绷的神经。到了目的地之后，经理为了活跃大家的气氛，决定就地办一个比赛。这个建议一说，得到了大家的一致响应，牛丽丽想赢的欲望也被勾起来了。经过商量，一共分了三个比赛，游泳、口才和唱歌。比赛结束，游泳比赛和唱歌比赛的第一名都在A组，第二名都在B组，而牛丽丽的小组则囊括了口才比赛的第一名和第二名。最后经理综合比赛结果，第一名是A组，第二名是牛丽丽组，第三名是B组。

但是不甘屈居第二名的牛丽丽很不满，她觉得大家既然是销售，那么口才才是最重要的，唱歌和游泳只是业余的，所以比赛结果应以口才的结果为准，第一名应该是自己组的。尽管经理一再跟她强调这只是为了调节气氛，比赛的礼品也不差多少，让她不要再计较，但她仍旧过不了心里这关，不愿意输给其他组。最后，好好的旅行被她这么一搅和不欢而散了。

两天后，大家去公司上班，牛丽丽依旧愤愤不平，遇到同事就为自己打抱不平，虽然大家没说什么，但是也渐渐觉得她过火了，开始躲着她。最后就连她自己的组员也觉得她这样实在是难以理解，不愿意再听她的话了。月底，再次做业绩评估时，牛丽丽组依然是第一名，但是经理并没有像之前那样恭喜她，只是告诉她，她已经不再是组长了。

赢是每个人都在追求和渴望的，但是输赢乃人生常态，如果事事都想赢，未免就太过苛责了。就像故事中是牛丽丽一样，本来只是一场助兴的比赛，却因为她的输不起而变了味儿，最终不但失去了大家的信任，连组长的职位也丢了，真是得不偿失。

要想做人生的赢家，我们首先要学会的就是输得起，能用正确的心态面对生活中的挫折和失败。只有事事都往好处想，我们才会把挫折当作考验，才能迎难而上，增添生活的力量和勇气，然后战胜困难和挫折，赢得人生和事业的成功。

人生点睛

在我们每个人的一生中，随时都会碰上湍流和险境，如果我们低下头来，看到的只会是险恶与绝望；而我们若能抬头，看到的则是一片辽远的天空，输

并不可怕，只要我们不输掉信心，不输掉对未来的信心，可以乐观面对失意，总有我们能靠自己的努力漂亮地赢回来。

心有多大，世界就有多大

生活中，不管是谁，都无法避免困难和挫折的存在。但是为什么有的人能跨过这道坎，而有的人却因为挫折从此被挡在了成功的大门外呢？其实任何成功者都不是天生的，很多时候，我们去做一件事，决定我们成败的并不是知识和能力，而是胸襟、视野和境界。知识不够可以去学，能力不够可以培养，但是如果没有一个好的心态，心像针眼儿一样小，做起事来，常常挑三拣四、拈轻怕重、斤斤计较、患得患失，那么即使终日忙忙碌碌，最终也只是碌碌无为。

古罗马哲学家西尼加曾说过：“差不多任何一种处境，无论是好是坏，都受到我们对待处境的态度的影响。”的确，影响我们人生的绝不仅仅只有环境，心态也对我们的行动和思想起着绝对的控制作用。因为即使面对的是同样的处境，不同的心态也会导致完全不同的结果。

有三个盖房子的工人，他们现在正各自盖着一间房子。

第一个工人做了一半便开始不耐烦了，他想：“这又不是给我自己盖房子，费那么多劲有什么用呢？”于是他不再注重质量，只看速度，草草完工，房子还没开始住人就已经摇摇欲坠了。

第二个工人做到一半的时候也开始没有耐心了，但是他想：“别人都给我工钱了，把房子盖好就是我的责任。”于是他继续努力，认真踏实地做完了后面所有的工程，房子很结实。

第三个工人盖房子的时候却很快乐，他每天都在想着怎么让现在这座房子变得更完美一点。想象着房主一家人住在这以后幸福美满的样子，所以盖这栋房子的时候，这位工人很满足。房子做好后，房主十分满意。

转眼三年过去，第一个工人失业了，没有人再敢聘请他；第二个工人继续做着老本行，没有什么变化；而第三个工人却成了业界有名的建筑师，他建造的每一栋房子都美轮美奂，受到了许多客户的喜爱。

人的一生，就像一次旅行，沿途中有数不尽的艰难险阻、陡崖绝壁、坎坷泥泞，但也有看不完的水光山色、春花秋月、名胜古迹。如果我们的心被灰暗笼罩着，就像第一位工人一样，已经对生活失去了热爱，丧失了斗志，那么我们的人生也注定只能是灰色的，岂能美好？而如果我们保持一种乐观向上积极的人生态度，像第三位工人那样，即使开始的时候很艰难但是改变一下心态，一样会有不一样的美好收获。

其实生活中大多数人都是像第二个工人这样的，工作只是谋生的手段，每天勤勤恳恳，安守本分，虽然对工作谈不上热爱，但是也绝对不会去改变什么。这种心态看上去好像没什么，甚至还算安稳，但其实更可怕，就像温水煮青蛙一样，时间长了，人会渐渐地丧失斗志，即使想再改变也很难了。

心态对一个人的命运起决定性作用，你的心态是什么样的，你所看到的就是什么样的。千万不要把自己的眼界局限在你的手掌上、眼皮下，而是要放眼与高山之巅、大海之上。人只有眼界开阔了，心胸才会更宽广，心态也会跟着乐观起来。人只有用乐观积极地态度面对生活，眼光才能长远，那么脚下的路也就会更开阔。

人生点睛

海明威的小说《老人与海》里主人公圣地亚哥老人说过这样一句话：“人可以被打败，但不能被战胜。”失败与悲伤是我们每个人都必经的过程，只有拥有好心态，积极乐观地面对这些失败，从中总结经验、吸取教训，我们才能走得更远。

全力以赴，做好每一件小事

我们每个人所做的工作，都是由一件件小事组成的，因此对工作中的小

事绝不能采取敷衍应付的态度。很多时候，一件看起来微不足道的小事，或者一个毫不起眼的改变，都可能是工作中的一个突破，甚至可能改变你的职业生涯。所以。我们在工作中，对每一个变化，每一件小事都要全力以赴地做好，每走一步，都留下深深的足迹。

琐碎小事是我们日常生活中必定会遇到的，它可能很平常、也不起眼，但有时候却是决定事情成败的关键因素。相信大家都听说过马失前蹄的故事，如果一个人做任何事情时都能注意细节，不管大事小事都能一如既往地认真，那他做什么事都会很踏实，一步一个脚印，他是不可能不成功的。

一天，有一个四年级学生被人推荐来到西推图景岭学校图书馆帮忙，推荐人说这个孩子聪明好学。

不久，一个小男孩来了，图书管理员卡菲瑞先给他讲了图书分类法，然后让他把已归还图书馆但却放错位的图书放回原处。

小男孩问："像是当侦探吗？"卡菲瑞回答："那当然。"于是，男孩开始在书架的迷宫中穿来插去。休息时，他已找出了三本放错位置的图书。

第二天他来得更早，干完一天的活后，他正式申请担任图书管理员。

又过了两个星期，他突然邀请卡菲瑞去他家做客。吃晚餐时，孩子母亲告诉卡菲瑞他们要搬家了，搬到附近一个住宅区。孩子听说转校很担心："我走了谁来整理那些站错队的书呢？"

孩子走了没过多久，又在图书馆门口出现了。他兴奋地告诉卡菲瑞，那边的图书馆不让学生干，妈妈又把他转回这边上学。由爸爸用车接送。

"如果爸爸不带我。我就走路来。"他说。

这个决心坚定、做事认真的小男孩后来建立了自己的商业帝国，他就是微软电脑公司的创造者——比尔·盖茨。

不难发现，那些伟大或杰出人物的身上，总有优于常人之处，而显示这些品质的并不一定是一些大事，而是日常工作中的一些琐碎小事。他们没有因为事小，就忽略它们的存在，而是以认真的态度对待任何工作，从小事中一步一个脚印地稳步向前迈进，走向大事，走向成功。比尔·益茨对待图书馆工作这样的小事，就已经表现出对待任何工作都要做好的决心，对待小事都如此认真，难怪他能在信息时代叱咤风云。

想成就一番事业，需从身边的小事做起，从细微之处入手。认真做好身边的每一件小事，对我们的成长是有非常重要意义的，它不仅是我们成大事的基础，也能锻炼我们处事的能力，坚持下去，做大事也会变得水到渠成。

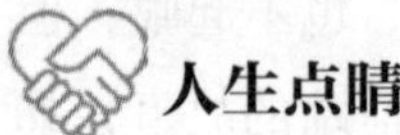

人生点睛

对于刚步入职场的年轻人来说，只有用做大事的心理来认真做好每一件小事，并在处理事情的过程中不断修炼自己、学习新的知识，我们的工作能力和职业素养才能不断提高，并最终在竞争激烈的职场中赢得自己的一席之地。

“敢为天下先”是一种无畏的气概

敢为天下先，是自信。勇为人先，是对自己的肯定。只有心中充满自信，相信自己、肯定自己能力的人，才有敢为天下先的勇气。因为充满自信心的人，他们不管情况多么不利，都会始终保持这份信心，这份高昂的斗志，始终坚信自己的能力，不慌不忙，沉着应战。这样的人不害怕困难，会把它当成“垫脚石”，当成“财富”，并以战胜困难为乐趣，即使一次次失败也休想击垮他们，即使困难重重也绝不会动摇他们的信心。他们始终怀着坚定的信心去努力，失败了，重整旗鼓，继续战斗。

要想成为第一，就必须敢于创新、做第一个吃螃蟹的人，但是迈出这一步之前你也要知道，并不是所有人都能做你所做的事情，因为任何事都不是一开始就会有结果的，所以敢为天下先除了需要自信，最需要的就是勇气了，这里的勇气并不是指逞莽夫之勇，而是跨出第一步的勇气，承受压力的勇气。

在一家效益不错的公司里，总经理叮嘱全体员工：“谁也不要走进7楼那个没挂门牌的房间。”但他没解释为什么，员工都牢牢记住了总经理的叮嘱。

一个月后，公司又招聘了一批新员工，总经理对新员工又交代了一次上面的叮嘱。

“为什么？”这时有个年轻人小声嘀咕了一句。

“不为什么。”总经理满脸严肃地答道。

回到岗位上，年轻人还在不解地思考着总经理的叮嘱，其他人便劝他干好自己的工作，别瞎操心，听总经理的没错，但年轻人却偏要走进那个房间看看。

他轻轻地叩门，没有反应，再轻轻一推，虚掩着的门开了，只见里面放着一个纸牌，上面用红笔写着：把纸牌送给总经理。

这时，闻知年轻人闯入那个房间的人们开始为他担忧，劝他赶紧把纸牌放回去，大家替他保密。但年轻人却直奔18楼的总经理办公室。

当他将那个纸牌交到总经理手中时，总经理宣布了一项惊人的决定：“从现在起，你被任命为企划部经理。”

“就因为我把这个纸牌拿来了？”

“没错，我已经等了快半年了，相信你能胜任这份工作。”总经理充满自信地说。

果然，年轻人在接掌企划部后，大胆进行革新、策划、宣传，一样也不差。

循规蹈矩的人是没有创新的胆量的，他们的因循守旧注定他们只能成为平庸的一族，从成长到衰老，一切都显得波澜不惊，因为他们害怕起伏。最大的成功向来只会属于努力做好自己分内的事，他们习惯最先品尝到各种滋味，包括荣誉的美酒，但是这样显然是不能获得主动地位的。

人生点睛

古人云：“胸有凌云志，敢为天下先。”“敢为天下先”是一种勇气，但并非匹夫之勇，而是经过深思熟虑之后的勇敢。只有拥有这种特殊勇气，才会取得成功。

勇于尝试才可能成功

在这个世上，人拥有最无限的创造力，也拥有最无限的创造才能。而这些创造的最初都是始于尝试，因为有了尝试，才有了今天这么多辉煌的发明创造。只有勇于尝试，我们才能看到事情的结果，才能根据这个结果不断做出新的尝试，直到成功。但是如果一直停留在理论阶段，那么梦想就永远只能是理想，是不会有实现的那一天的。

其实我们现实生活中的很多障碍，都是自己在无形中设置的。一条小河，你不敢过，因为你觉得它深不可测；研讨会上，你不敢发表意见，因为觉得自己不够资格；遇到机会，你又被眼前的困难绊住了手脚，而没抓住……但是只要勇敢尝试你会发现，小河其实没有那么深，只是刚到膝盖而已；教授也不会因为你还年轻就否定你的意见；抓住机会，你成功的概率又大了几成……很多事情并没有我们想象中那么可怕，只要勇敢尝试，会有不一样的结果。

相传番茄的发源地是在秘鲁和墨西哥，它本来只是一种生长在森林里的野生浆果，因为当地人都说它是有毒的果子，所以大家称之为“狼桃”。除了用来观赏，没人敢吃。

据史书记载，当时南美洲正好有个英国来的名叫俄罗达拉里的公爵在此游历，他第一次见到番茄，便被它的艳丽色彩深深地吸引了。回国的时候，便带了几颗。回了英国，番茄被他作为稀世珍品，献给了他的情人伊丽莎白女王，以显示他对爱情的忠贞。从这之后，番茄便有了“爱情果”的美名。

但是番茄真正走入千家万户，成为餐桌上的食材，却是在很久之后。直到18世纪，才有人勇敢地以身涉险吃了番茄，然后知道了它的食用价值。相传，第一位吃番茄的人是一位法国画家，他看番茄长得如此诱人，便产生了尝尝它到底是什么滋味的想法。于是他冒着可能中毒致死的危险，鼓起勇气吃下了一个。吃完之后他便穿好衣躺在床上等待“死神”的降临，然而时间过去了很久，他也没有感到身体有任何不舒服，便干脆放开性子，继续吃了几个，当然也没有什么事，只觉得有一种酸甜的味道，身体依旧安然无恙。

人的潜力是无限的，只要你肯努力，敢于尝试，就有成功的希望。害怕危险，不敢往前走的人，只能停留在原地，勇于开路的人，永远都是走在最前面的人。虽然尝试并不等于成功在握，但是不敢尝试或不去尝试就一定不能成功。因为无论是多大的成功，它都是踩在一块叫试一试的跳板上开始的。

一个人一生如果一次也没有跌倒，算不上什么荣耀；只有每次跌倒以后，都能勇敢地站起来，继续尝试，才是最大的荣耀。面对困难，我们首先要去除的应该是做不到的心理障碍，然后再想办法把困难解决了。一个人如果因为不能承受失败的痛苦，连尝试的勇气都没有，那么永远也无法享受到成功的喜悦。所以任何事情、任何困难，只有勇于尝试，积极面对，困难才会迎刃而解。

人生点睛

勇敢尝试是指勇敢地迈出第一步，去尝试，但是并不是说非得什么事都要去做做不可，说到底，其实是一个人生态度的问题。什么样的人生态度决定什么样的人生。如果我们做任何事都是积极的态度，敢于尝试，那么我们离成功也会更近一步。

该出手时要出手

在一个调查报告的数据中显示，通过对2500名不同职业的人的跟踪调查，“迟疑不决”位居失败原因的榜首。同样在另一份对数百位百万富翁进行调查的报告中显示，百分之百的富翁都能果断行事，而且就算他们曾打算改变初衷，他们也绝不会草率做决定的。大多数人都有迟疑不决的毛病，尤其是在面对机遇和人生转折点的时候，就算最后终于下定了决心，也是推三阻四，瞻前顾后，一点也不干脆果断，而是习惯于朝令夕改、一夕数变。

当今社会，日新月异，竞争激烈，在你争我夺的竞争中，谁能在第一时间有魄力及时做出反应，谁就能抢占先机。一个决定的做出，也许就只是短短的几分钟时间，但是一旦抓住了这短短几分钟的时间，果断地做出决定，你得到的将是很大的一步成效；相反，如果不能好好把握这几分钟，错过做最佳决策的时间，最后的损失也会让你心痛一生。

A城一家已经有着三十多年历史的塑料厂在上个月末宣布破产，同城的另

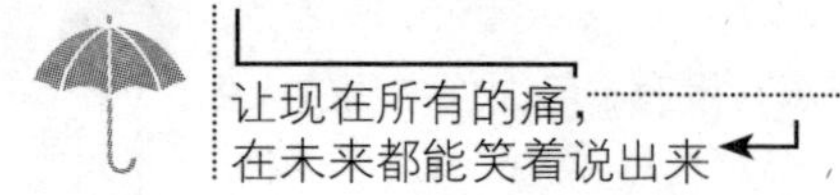

一家刚刚起步，但是资产雄厚的塑料厂想买下他们的厂房和里面剩余的材料和机器，现成的厂房和机器对这家新塑料厂来说简直是如虎添翼，于是该厂派了一位特派员去找相关的负责人商讨收购事宜，双方洽谈还算愉快，但是因为数额巨大，特派员拿不定最后的主意，便与对方商议回去找厂长商量之后，明天再给答复。

特派员回去后，厂里的领导迅速开会进行商讨，立刻拍板决定马上购买那家塑料厂的全部设备和所有厂房。但是就在他们出发准备和对方签订最后的购买合同时，对方的厂长发来消息，说邻市的一家塑料厂已经抢先一步和他们签订了购买合同，合同上规定，邻市的塑料厂必须在规定付款日期（本月月末）之前付完全款，如果超期，则合同失效。

对这家新塑料厂来说，事情来得有点措手不及，但是他们迅速冷静下来，分析了一下当前的形势。负责人说尽管邻市的合同比自己早了一步，但是只要还没有付款，那他们就还有一线机会，所以现在还不是放弃的时候。于是仍旧派人准备了足够的资金，在一边随时待命。到了月末的时候，邻市的塑料厂果然没有付完全款，因为他们还不能完全肯定这家破产的塑料厂的价值，所以想要延期几天，因为数额较大，这个请求并没有被驳回。不过有一个特殊的情况就是，按照债权委员会的规定，破产的塑料厂必须在下个月5日之前出售完毕，否则将分散进行拍卖，而这显然是负责人不愿看到的。于是三家塑料厂的负责人坐到了一张谈判桌上，最终新开的这家塑料厂果断出手，在邻市的塑料厂还在犹豫的时候，签订合同，付了全款。后来事实证明他们负责人的决策是对的，因为有了完善的设备和配套的厂房，他们厂的业绩大大提高，生产值跃居全省第三，把邻市的塑料厂狠狠地甩在后面。

也许你会说邻市的塑料厂的负责人也没有错，这么大的风险，当然应该好好估量。但是没有事情是没有风险的，风险与机遇并存，如果所有的事情都等你算好了得失，再来做决定，那么就只能是错过了。尤其是生意场上，竞争如此激烈，如果不能果断做出决定，注定是要被淘汰出局的。

抢先下手是所有生意人都要遵守的第一要则，人生又何尝不是呢。综观历史上的成功者，无一不具有这样的风范。其实生活中的很多失败的人，就是输

在了犹豫不决和瞻前顾后上面。想成大事，你就该明白，风险是一定有的，如果没有勇气，因为不敢承担风险而不能果断出手，那就只能被人抢占先机，眼睁睁地看着机会溜走了。

人生点睛

要想成功，就得有抵抗风险的觉悟，如果事到临头了，才发现事情很难而优柔寡断，那么事后追悔莫及就是肯定的了。记住，要想成大事，一定要学会“该出手时就出手”。

第10章 成功不是尽力，而是竭尽全力

“我已经尽力了，可还是不行。”无论什么时候，当你想说这句话的时候，都应该扪心自问，你真的尽力了吗？如果是同样的事情，你还可以做得更好吗？要知道，不只是你，还有很多的人都在为成功而努力，但是真正成功的却只有极少一部分人，这其中很重要的一个原因就是，大部分的人都在中途以“我尽力了，但还是不行”这个理由安慰自己，然后选择了放弃。可是想成功，光尽力是不够的，还必须竭尽全力才行。

尽力而为还不够，要全力以赴才行

人生就像行驶在大海上的一艘帆船，有顺风顺水的时候，也有遇到惊涛骇浪的时候，甚至撞礁沉船，能否成功到达目的地，常常取决于人们是否全力以赴。

全力以赴不是尽力而为，两种不同的态度决定了两种不一样的人生。在现实生活中，我们会遇见很多说自己会“尽力而为”的人，事实上这些人总是无法尽力，即使能出十分力也只是表现个七八分，最终常是走向失败。

有一天有个猎人带着自己的猎犬去森林里打猎，猎人一枪就击中了一只兔子的后腿，受伤的兔子拼尽全力奔跑。在猎人的指挥下，猎犬也飞奔着追赶兔子。但是追着追着，兔子却跑丢了，猎犬只能悻悻地跑了回来。猎人见状责骂猎犬道：“我要你有什么用，连只受伤的兔子都能追丢。”猎犬听了非常不服气，反驳道：“我已经竭尽所能了。”

受伤的兔子终于跑回了洞里，它的兄弟们都惊讶地围上来，问道：“那只猎犬看着那么凶狠，你怎么带着伤跑过它的呢？”

兔子说：“它不过是尽力而为，而我全力以赴了呀，它追不上我，顶多是挨一顿骂，但是如果我不全力以赴，就没有活路了。”

在这个竞争激烈的社会中，尽力而为，不是我们做不好工作的借口，也不是我们不积极工作的理由；全力以赴，才应该是我们为学立业的行为标准，应该是我们做事创业的价值所求。

第二次世界大战时期，巴顿将军在一份战报中了解，在牺牲的盟军战士里，竟然有一半都是跳伞的时候摔死的，这让巴顿十分恼火，并来到兵工厂质问负责生产降落伞的商人考文垂。

考文垂说："这些年来我一直都在控制产品的质量，降落伞的合格率已经达到99.9%，这是现今世界的最高水平了。"巴顿愤怒地斥责道："每个降落伞都和一名战士的生命息息相关，你为什么不做到百分之百合格呢？"考文垂回答："我已经尽力了，99.9%是最高的极限值，没有往上提升的空间了。"巴顿将军随手拿起一个伞包，丢给考文垂，让他上了飞机。考文垂吓破了胆子，但是又不敢违抗巴顿的命令，只得从飞机上跳下去。他的运气很好，在落地时并没有摔死。自这之后，巴顿再也没有去过兵工厂，盟军也没有出现过跳伞伤亡事故。

很多年以后，当下属问巴顿："你是如何想出那个主意的？"巴顿回答说："考文垂他们并不是没有制造完全合格产品的能力，只不过他习惯了懒惰，按照一般标准做事，只有将他与前线士兵的生命绑在一起，将他的安全与产品质量绑在一起，他才会拼尽全力。"

面对挫折，许多人都习惯帮自己或者对别人找借口："我已经尽力了。"事实上，尽力而为怎么够呢？为了生存在这个竞争激烈的社会中，我们只有拼尽全力，发挥自己的巨大潜能，才可以摆脱一切恐惧与阴影，克服所有的障碍与困难，最后悠然自得问心无愧地对自己说，"因为我全力以赴，所以我才比他们取得更大的成就。"

人生点睛

一个人做事的态度会将他和别人区别开来，每个人都有不同的做事方法，所以得到的结果也是各种各样的。有的人变得更灵活开阔，有的人变得更紧张狭隘，有的人走向巅峰，有的人跌入谷底。人的一生是由无数件小事构成的，而我们需要做的就是——尽力做好每一件事。

沉湎过去，不如活在当下

很多人之所以一直停在原地、止步不前，很大一个原因就是总是把目光停留在过去所受的苦难上，却不想着从中吸取经验教训，怎么在下次遇到这些困难的时候更好地解决。学习如逆水行舟，不进则退，一直停在原地自艾自怜，而不想着改变，是不会对现有的生活有什么改善的。

不管过去发生过什么，再苦，再累，那都已经是过去式了，自己现在正在经历的，才是最为重要的。如果一直沉湎于过去的苦中，而不好好珍惜现在的每分每秒，那么过段时间，现在也会成为你苦难的过去了，岂不得不偿失。

有个妇人，本来一直和丈夫两人过着自给自足的幸福生活，但谁知天有不测风云，她的丈夫一天上山打柴的时候，遇到暴雨，下山的时候路滑，摔断了腿。妇人砸锅卖铁为丈夫看病，但是半个月后丈夫还是因为伤口感染离开了她。

失去依靠，加上为丈夫治病还欠了邻居一些债，妇人没办法只好自己出去找工作挣钱。工作找得还算顺利，一个做鞋底的小作坊愿意收留她。

她的工作很辛苦，每天要做15小时，而且报酬很低，而且她每天一会儿担心工作做不好被老板骂，一会儿担心借的钱还不清，一会儿担心身体吃不消还得花钱买药，所以过得很累也很不开心，她想她应该再也不会笑了。

一天她工作完从作坊里出来，一个人郁郁寡欢地走在回家的路上，这时路中间忽然出现了一个老者。老人见她不开心，便问她怎么了，妇人跟老人说了自己这一年的遭遇，说着说着就哭了起来，老人没有安慰她，只是拍拍她的肩，留下“对一个聪明人来说，每天都是一个新的生命。”这句话，便又消失了。

妇人回家后仔细琢磨老人的话，猛然间醒悟，自己一直活在昨天的不幸和对未来的不安中，反而忽略了最重要的现在。但是昨天的不幸已是过去，我已经痛了；未来发生什么都是未知，我何必自寻烦恼，我为什么不放下包袱，把当下的每一天过好呢?

没有谁的人生是一帆风顺的，都难免会遇到委屈、有点伤心的往事，但是如果我们像故事中的妇人一样，一直沉湎在过去的悲伤中，走不出来，是不会有新生活的。就像老人说的那样，每天都是一个新的生命。活在当下，把每一天都过得精彩、快乐才是最正确的选择。

每一天都是崭新的一天，我们可以从过去的失败和痛苦中吸取经验，但是千万不能沉湎其中，毕竟过去的都已经过去，再怎么想也不会有什么改变，要想未来过得更好，珍惜现在的每一天才是最重要的。

人生点睛

沉湎过去除了指沉湎在过去的悲伤中，还指沉湎在以前的成功中，不思进取、止步不前。不管成功还是失败，都已经是过去式。人不可能靠着过去的荣耀生活一辈子，我们只有活在当下，把每一天都过好，才能拥有更精彩的人生。

摆脱依赖，靠自己生活

人生旅途，总有些期待不能如愿，总有些渴望不能实现。人生几何，总有些坎坷需要跨越，总有些责任需要担当。不断地跌倒，才有不变的顽强与收获；经历过风雨，才有不断的历练与茁壮。依赖心理是每个人都或多或少会有的，它很大程度上取决于自己的思维模式，所以，依赖心理能否摆脱，很大程度上取决于自己。现在的年轻人，多是独生子女，都是被家长捧在手心长大的，所以即使已经开始步入社会也难免会有依赖心理，但是你总要明白，自己的路终究是要靠着自己走下去的。

有个古老的笑话：从前，有个人从小到大，一切依赖父母。一天，他找来一个算命先生替他爸爸算命。算命先生对他爸爸说："你可以活到60岁。"古代的时候，能活到60岁已经很不错了。想不到这个人听了竟号啕大哭起来。旁人不理解，问他为什么伤心。他边哭边说道："我父亲比我大20岁。他60岁死的时候，我才40岁，父亲死后我怎么过呢？谁养活我呢？"众人听了都笑起来。

看了故事，大家都笑话故事里的人，但是仔细想想，他其实是我们每个人的影射，因为从小到大父母一直是我们的保护伞，所以刚离开他们怀抱的我们

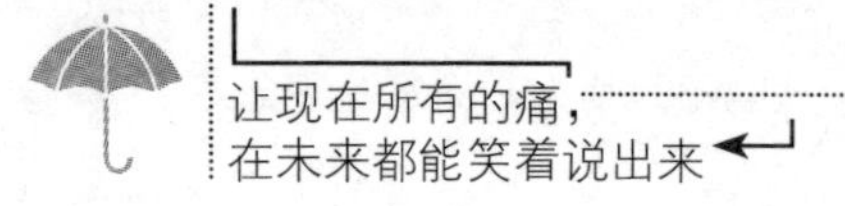

总会有些不适应、有些迷茫，但是没有关系，这种心理是每个人都会经历的，关键是我们如何化解这份依赖，真正靠自己生活。

香港巨富李嘉诚的两个儿子李泽钜和李泽楷都以优异的成绩在美国斯坦福大学毕业，想在父亲的公司里施展宏图，干一番事业，但李嘉诚果断地拒绝了："我的公司不需要你们！还是你们自己去打江山，让实践证明你们是否合格到我公司来任职。"于是，兄弟俩去了加拿大，一个搞地产开发，一个去了投资银行，他们克服了难以想象的困难，把公司和银行办得有声有色，成了加拿大商界出类拔萃的人物。李嘉诚的"冷酷无情"，把孩子逼上自立、自强之路，陶冶了他们勇敢坚毅、不屈不挠的人格和品性。

美国总统罗斯福十分注重培养孩子们的独立人格。他有句名言："在儿子面前，我不是总统只是父亲。"他反对孩子们依靠父母过寄生生活。他让孩子们凭自己的本事自食其力。大儿子詹姆斯20岁去欧洲旅行，临行前买了一匹好马，然后打电报向父亲求援。父亲回电话说："你和你的马游泳回来吧！"儿子只好卖掉了马，作为路费回家。第二次世界大战打响后，罗斯福的四个儿子都上了前线。父亲病故了，他们还都坚守在各自的军舰上，用这种特殊的方式为父亲送行。

从以上两个名人的故事中我们不难看出，要想真正长大，就必须摆脱对父母的依赖，靠自己生活。现在的年轻人，多是独生子女，都是被家长捧在手心长大的，所以即使已经开始步入社会也难免会有依赖心理，而且许多父母也做不到像故事中的父亲这样狠心，舍不得让孩子吃苦。为人子女的你要明白，父母对自己的疼爱是因为他们爱我们，但是我们不可能一辈子活在父母的羽翼下面，我们自己的路终究要靠着自己走下去。

只有摆脱依赖，学会自己生存，我们才能真正做到靠自己生活。年轻人，或许现在你还只是刚被放出笼的小鸟，需要妈妈的庇护，但是迟早有一天，知名企业的老板会是和你一样大的年轻人，社会的主体会是和你一样大的年轻人，整个社会的掌舵人也会是和你一样大的年轻人，到那时候，如果我们没有自己生存的能力，那么就只能被社会淘汰了。

人生点睛

会依赖说明我们很信任对方，但同时也说明我们还没有真的走向成熟。每个人都是独立的个体，要想真的长大，成为独当一面的人，就必须摆脱依赖，学会相信自己，自己给自己拿主意。

尽力，不如比别人更努力

人们经常把尽力而为挂在嘴边，这意味着事情可以做，也可以不做，并且很多时候，就是无所作为。这个问题的本质很简单，那些承诺尽力而为的人，就算没做任何事，也会认为自己已经尽力了。常有人因为工作太难、生活辛苦就半途放弃了，还会安慰自己一句“已经尽力了”。但是他们真的尽力了吗？没有人能给出明确的回答，因为从他们的抱怨中就可以看出他们并没有尽力，甚至很多人连努力都没有。

一个人，不论解决怎样的事情，都必须告诉自己，要像一名军人一样活着，即使战死沙场也不能像懦夫一样不敢尽全力去拼搏，不敢去战斗。成功的人生是拼搏来的，如果没有拼过，谁也没有办法解决问题。

有个女孩，本来在一家金融公司做文秘，工作轻松，收入可观，但是上个月公司却辞退了她。她很不甘心，和朋友聊天，说自己已经尽力了，不明白为何还是这种结果。

一个月之后，她偶遇了自己之前公司秘书室的组长，于是便想问个清楚，组长告诉她：“原本打印文件，发E-mail给客户、等待回复都属于你分内的工作，但是这些工作你没有一项真正做到位。打印机有问题，打出的油墨过黑，导致好多次打出的合同都作废了，我交代你和管理部协商，换一台新打印机，但是你只去了一次，人家说没有，你就再也没去过。给客户发完E-mail后，一周都没有答复，经理询问你的工作进度，你就只会说自己尽力了。”

“没错呀，我的确尽力了，我已经和管理部的人沟通过，是他们总是推脱没有，我能做什么呢。对我们来说，客户就是上帝，他不回复我的E-mail，我都按照经理的交代尽力催客户了，我总不能越权去命令别人吧！”女孩辩解。

“如果什么都是尽力却看不到结果，这就是你的问题。虽然你的意思是这些事你都已经尽力了，但是事实上每一件事都还可以再努力一下，但是你认为只要自己尽力就够了。虽然你在公司的工作比较琐碎，但是也可大可小，公司经过综合考虑，只能将这个机会留给愿意努力的人。”

很多人都喜欢说：“尽力就好！”“我已经尽力了！”诸如此类的话，这看似很平常，但其实只是对没做好的自己的一种安慰，起不到任何作用，反而还会麻痹自己，长此以往，人的斗志、意念也就越来越弱了。

尽力而为是一种逃避责任时的托词，是没有信心的表现，总是尽力而为的人根本不相信自己会成功，因此提前帮自己找好借口，如果不成功，就说自己已经尽力了，之所以没有成功并不是自己的问题。就像故事里的那个女孩子，不管做什么事都只是尽力而为，事实上呢，真的尽力了吗？答案不言而喻。每个老板都不是傻的，他一眼就可以看出究竟是谁在努力工作，是真的为公司做事。那些投机取巧，为自己的不努力行为寻找借口的人是不会成功的。

真正的成功一定要建立在努力的基础之上，上帝不会看不见每一个心怀梦想努力奋斗的人，只需要你做每一件事时，都能拼尽全力，争取成为最好的，迟早能够收获回报。

永远不要说自己做得够好了

无论我们做任何事，都要全力以赴。罗素·康威尔曾说过：“成功的秘诀并无其他，只不过是凡事都要求自我达到极致的表现而已。”要知道，成功之人绝不会因为平庸的表现而沾沾自喜，他们无论做何事，都会尽自己最大的努力。

现实生活中，并非所有人都能用完美思维来自我要求。我们在生活中也很容易发现很多人做事不求完美，只要差不多。虽然表面上他们都付出了努力，而且事情也都做得差不多，但是结果却是不尽如人意，只因他们缺乏与自我较劲的精神。

对于工作，他们对自己的要求就是“完成任务就好”：上司交代的工作只要在死亡线到来之前完成，如果比要求的时间提前了，那么就更自满了。公司规划的任务，完成属于自己的那部分就可以理所当然地拿薪水。若是遇见心情好，多做了一点，就感觉自己更了不得了。

然而，千万不要一味地对自己说“做得够好了”。一旦有了这样的意识，那么你就再无前进的可能。当今社会，不与时俱进就意味着慢性自杀。

从前有一个工匠，希腊雅典城委托其帮忙雕刻一座石像，这座雕像将矗立在神庙的顶上。

这个工作是那样地光荣而神圣。因此工匠做得无比细心，以至于比预计的时间要晚几个月才完成雕塑，最终展现在人们眼前的雕像，其背面与正面一样精致而美丽。

然而，对于他超时完成任务，雅典城的官员很不满，责问道：“即便雕像的背面跟正面一样雕刻精细，又有何用？没有人会去关注它的背面。”

工匠却回答说：“是吗？但是上帝能看见！”

做任何事情，都如同将所有雕像的正面放在一起，展现在人们的眼前一样，工匠的举止言行告诉人们一个真理：工作时，能做到最好，就不再敷衍了事；如果可以达到一个艺术家的水准，就不要甘于平庸。

孔子有一次向鲁国知名琴师师襄子学习弹琴。练了十天之后，他还在弹奏同一首曲子。见此情景，师襄子说：“你完全可以学习新的曲子了。”闻言，孔子却笑着回答道：“曲子我已经熟悉了，但是弹琴的技巧我还没有学会。”

又过了一段时间，师襄子对孔子说：“现在你已经熟练掌握了弹琴之技，可以开始学习新曲子了。”但是，孔子却回答说：“琴技我是已经熟悉，但是琴曲中的韵味我还没体会到。”

又一段时间过去了，师襄子对孔子说：“你现在体会到了琴曲之韵，是否可以开始学习新内容了呢？”听了此话，孔子再次说道：“曲中之人到底如何我还未体会出来。”

之后又过了一段时间，孔子终于深切地感受到了曲中之人穆然沉思之景，淡然愉悦之情，高瞻远瞩之志，于是他来到师襄子面前，说：“我知道曲中人是何模样了。他挺拔高壮，目光深而远，是谓王者。如若此人并非周文王，那又会是谁呢？”师襄子闻言，对其赞不绝口。

孔子即便得到了认可，也坚持不学习新的内容，而是一而再地学习着同一首曲子，有人不禁对此感到迷惑，这又是为何？只因孔子想要更好地弹奏这首曲子，他不仅要学习技法和精髓，还要体会曲中蕴和曲中人。只有如此仔细地深究，方能弹出生动而美妙的曲子。这边是圣人孔子追求完美之思维模式。

于每一个人而言，在对待每一件需要做的事情上，都要全力以赴。譬如在工作中，不是最好的计划，便可以不去在意，唯有完善而精妙的，才是为人所期望并被接受的。无论是团队还是个人，只要有好的工作规划方能向着自己的目标逐渐迈进。因而，永远不要自满于自己的一点小成就，这样才能不断向前发展，获得更大的成功 。

人生点睛

在工作中，不要说我做得够好了，而是要问，我怎么样才能做得更好，还有什么更好的方法；不要说，不关我的事，而是要勇敢地承担起属于自己的责任，并且要不断地分析问题的关键所在，吸取经验教训。不满足于现状，任何事都要求做到尽善尽美，这是一种工作习惯，也是成功者永远的秘诀。

我们永远奋斗在路上

人的青春只有一次，而青春是用来奋斗的。目前，“80后”“90后”的年轻人基本都是蜜罐中长大的一代，很少在艰苦环境中锻炼过，有的人夜郎自大，总觉得自己高人一等；有的人自以为是，永远只看见别人的短处；有的人

人云亦云，没有自己的主见，不知道自己想要什么，能干什么，做事情心浮气躁，常常半途而废，最终迷失了方向。

路在自己的脚下，未来掌握在自己手中，听从本心，不管现在经历的，还是将来经历的会是什么，不管有多艰难，都应该告诉自己：眼前所有为浮云，一切都会成为过去。相信自己，相信眼前的世界，如果你心怀诚挚，整个世界都会帮你实现梦想。

很多天赋异禀的人，因为经受不起挫折的考验，自己选择了停滞不前，从而耽误了自己的发展，葬送了大好前程，听来委实可惜。奋斗的人生中，不同时期奋斗目标不同，有的要坚持几年、十几年甚至奉献终身。不管时间长短，最重要的就是一颗越战越勇的心，面对挫折宠辱不惊，积极进取。

俗话说得好，十年磨一剑不一定就是好剑；但是一年磨十剑，肯定没有好剑。一心想着事半功倍而偷懒，是不会成功的。只有付出十倍的努力，攀登在崎岖山路上，才有可能站在光辉的顶点上。我们面对工作任务与竞争压力的时候，尽量多一点朝气、少一些暮气，多一些锐气、少一些惰气，多一些志气、少一些怨气。只有这样，才有可能战胜人生道路上的重重困难，拓宽人生的道路、提升生命境界，最终迈向成功。

人生点睛

人的一生是奋斗的一生，不管处在人生的何种阶段，我们都不能忘了奋斗。尤其是刚进入社会的年轻人，正是努力奋斗，让未来发光发热的大好时机，所以千万不要因为一点挫折放弃梦想。要相信自己，努力奋斗，是你的终会到来！

永远别对自己说“我不能”

科学家贝弗里奇说：“人们最出色的工作往往是在处于逆境的情况下做出的。”因此可以说逆境是造就成功的一种特殊环境。但其实造就人才的并不是逆境本身，因为并不是所有人身处逆境的人都能有所作为，只有身处逆境却仍不抱怨，将抱怨踩在脚下，积极面对的人才能有所成就。遇到逆境只能对自己说“我不能”的人，是无法跨越逆境，有所成就的。

人的一生会遇到无数的困难与打击，这些困难和打击在我们整个人生的漫漫长河里算不了什么，也不可怕，可怕的是人们被困难打倒，然后告诉自己“我不能”。这是对自己最大的否定，也是给我们的最致命的一击。经常对自己说“我不能”，到最后就真的什么都不能了。

有个专家曾做过这样一个实验：他把跳蚤放进一个玻璃器皿里，他的手刚一弹开，跳蚤立刻就蹦出来了，他反复实验了好几遍，都是一样的结果，最后经过专业的测量，跳蚤的弹跳高度足有它身高的400倍，是当之无愧的动物界跳高冠军。

专家后来又做了一个实验，还是那只跳蚤，不同的是，专家把跳蚤放进玻璃器皿后，盖上了一个透明的玻璃盖。盖子盖好后，不出所料，跳蚤往外跳时狠狠地撞在了玻璃盖上，但是它并没有停下来，因为跳是它的本能。不过跳了几次之后跳蚤学乖了，它大概是知道玻璃盖的高度了，所以再跳的时候一直是在玻璃盖的下面，再也没撞上去过。

一天之后，专家轻轻地拿走了跳蚤上方的盖子，但是跳蚤并不知道这件事情，仍旧在原来的那个高度范围跳动。又过了一天，专家再去观察那只跳蚤，依旧没变，它仍旧维持着原来的高度。一周以后，专家再去看，也仍旧没什么变化——那只可怜的跳蚤再也跳不出那个玻璃器皿了。

跳蚤可是经过试验认证的动物界的跳高冠军，那它为什么就是跳不出那个玻璃器皿呢？其实原因很简单，因为跳蚤在经历了无数次的失败之后，已经在心里默认了这是一个它无法跨越的“高度”了，所以它已经在心里开始暗示自己这是不可能的高度，自己肯定出不去了。就这样它被困难压倒，失去了追求自由的勇气。

我们在生活中，遭遇逆境实在是太普通平常的事，要想跨越逆境，获得成功，首先要做的就是相信自己，如果一个人连自己都不相信自己了，那么他是很难走出逆境，重获新生的，就像跳不出玻璃器皿的跳蚤一样。因为我们给自

己的永远是消极的暗示，所以我们从自己那里获得的都是负面的能量，这对一个人的成长是十分不利的甚至是有害的。

“我不能”简单的三个字，是对自己最大的否定，它是人对自己心理上的一种极大的消极暗示，会导致人丧失信心和前进的动力，所以不管遇到什么困难或挫折，永远不要对自己说“我不能”这三个字，要知道人最可怕的不是被别人否定了，而是自己否定自己。人只有学会欣赏自己，才能充满自信与斗志。

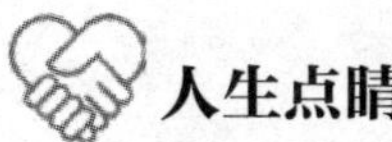

人生点睛

年轻人，尤其是刚进入社会的年轻人，遭遇打击那是在所难免的事，但是不能因为这些无法避免而刻意逃避，用“我不能”暗示自己。其实遇到困难的时候，我们可以采取很多正面鼓励自己的方法，比如把“我不能”换成“我能”“我行”“我可以”，就是一种非常正面的心理暗示和鼓励。

第三章 现在就去做，人生没有太晚的开始

有梦想就去实现，光说不做永远是假把式。只有将梦想付诸行动，梦想才会有实现的那天，人生本来就是不断跌倒又爬起来的过程，如果我们仅一次小小的跌倒就从此一蹶不振，消极生活，就太不值得了。其实，我们真应该甩掉身上一些常常阻碍我们做事情的消极东西，抖抖神、抖落堆积在我们心中的负面情绪，清醒一下，释放自己的斗志，让一切都变得不再晚。

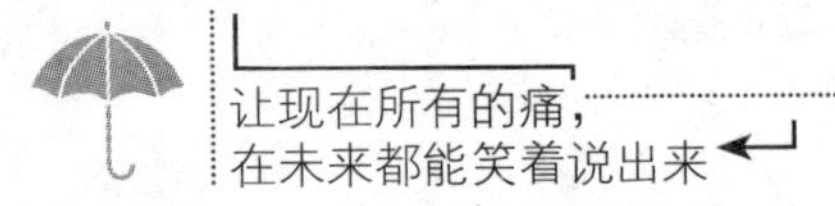

行动是成就人生的力量

行动就是力量，只有行动才可以改变你的命运。十个空洞的想法也比不上一次实际的行动。如果我们总是停留在憧憬阶段，有计划但是不去执行，那么最终的结果只有一个——什么都得不到。成功不是光想想而已，关键还得实际行动起来。

有位幽默大师曾说过：“每天最大的困难就是离开温暖的被窝走到冰冷的房间。”的确是这样，当你躺在温暖的被窝里时，觉得起床是一件很困难的事时，它真的就变成一件困难的事了。因为就是这么简单的一件事，你也不愿意即刻就去做，而就比如你如果常常想到的是“现在”，就会完成许多事情；但如果你时时想的都是“将来有一天”或“将来什么时候”，那就会一事无成。真正有雄心成大事的人都不会等到自己精神好的时候才去做事，他们都是主动催促自己打起精神去做事的。

森林里有只独来独往的小狐狸，它每天最大的乐趣就是摘摘路边的野菊花，吃野鸡。它最大的梦想就是等到山下的鸡群里的鸡被放出鸡笼时，一把抓住鸡妈妈，然后把那些小鸡通通都吃掉，为此它想了很多方法。它经常跟小伙伴们聊自己的梦想，说自己到时候会有多神勇。小伙伴们一开始觉得小狐狸又有想法又聪明，都很愿意和它一起聊天。但是时间长了，大家却不再那么喜欢它了。

为什么呢？原来小狐狸虽然想了一系列周密的方法，但是都只在嘴上说说，正当那些鸡笼里的鸡被它们的主人放出来时，小狐狸却又顾这顾那，始终不见行动，久而久之，大家觉得小狐狸说的都是些不靠谱的假把式，也就不愿意再听它说了。

时间过得很快，一转眼一个月过去了，但是小狐狸仍在犹犹豫豫，因此失去了无数次抓捕鸡妈妈的机会，它自个也瘦得只剩皮包骨，连摘菊花的力气也没有了。这天它仍旧像往常一样坐在家门口，想着怎么抓鸡，这时有小伙伴匆匆忙忙地跑过来，告诉它说："山下有鸡群的消息不知怎么被大灰狼给知道了，现在正好鸡群被它们主人放出来放风，大灰狼已经直奔山下去了。"小狐狸觉得大事不好，也赶紧往山下跑，但是因为一个月没怎么吃好，它还是慢了一步，等它跑到山下的时候，留给它的只有被大灰狼吃剩下的鸡毛了。小狐狸懊恼不已，但是已经来不及了，没过几天它就被活活饿死了。

光有梦想还远远不够，关键还得行动起来，否则就会像小狐狸这样，空有梦想却永远没办法实现。一个人如果遇到困难只知道抱怨或后悔之前没有怎么做，是不可能成就大事业的。

芸芸众生中，真正的天才和白痴只是极少数的一部分人，大部分的人智商其实都相差不多，但是在走过了漫长的人生道路后，有的人功成名就，而有的人却一辈子碌碌无为无所成就，最大的原因并不是他们没有机遇、没有能力，而是因为他们没有行动。

想法很重要，但是它的价值也只有在被执行后才能得到体现。一个被付诸行动的普通想法要比十个说着"改天再做好了"和"等时机成熟"要来得更有价值。如果所有的事情都只停留在口头上，而不付诸实践，事情是不会有进展的。人的梦想也是，如果不行动，是不会有实现的可能。

人生点睛

给还没开始行动的人三个建议：一、做一个实干家。所有的空想都是没有用的，只有真正行动起来，才能实现梦想。二、不要等到条件完美了才开始行动。所有的条件都是自己创造的，是等不到的，只有行动了，才能在行动中不断趋于完善。三、只有行动才能克服未知的恐惧和担心。

行动，是抵达目标的唯一途径

多少渴望成功的人，都只是把成功停留在口头上，最后碌碌无为地过完了这一生。多少人苦苦地询问成功的方法，但是光有方法其实是没多大用处的，只有行动才是成功的不二法门。

究竟怎样才能成功呢？有人说最重要的是得有目标，因为“心有多远，就能走多远”。目标可以指引我们前进的方向，激励我们不断向前奋进。的确，有了目标，我们离成功就更近了一步。但是光有目标，却什么也不做，只是将其束之高阁，对学习和事业依旧是没有任何帮助的。所以最关键的还是要行动，只有真的马上去做了，目标才会实现，成功才会离我们越来越近。

仔细回想，有多少事是因为我们没有马上行动而从此擦肩而过的。一件重要的事情，如果不马上行动，最后肯定不会有结果。一个人要想成功，最关键的不是他的目标有多伟大，他的方法有多完美，而是他的行动比别人多。只有真的去做了，才能谈得上使用更好的方法；只有真的行动了，才能向我们的目标不断靠近，最终实现它。

民间一直流传着这样一个关于亚历山大大帝的故事。

传说：公元前233年冬天，马其顿亚历山大大帝向亚细亚进兵。当他到达亚细亚的弗尼吉亚城时，部下跟他说了城里传了几百年的一个传言：弗尼吉亚的戈迪亚斯王几百年前系了一个复杂的绳结在他的牛车上，并对外宣告谁能把它解开，谁就会成为亚细亚王。从那之后，每年都会有许多从各个地方的人赶到这里，来看戈迪亚斯打的绳结。各国的武士和王子也曾试着解开这个结，可总是摸不着头绪，他们甚至不知从何处着手。

亚历山大也觉得这个传言十分有趣，便命令部下带他去看这个神秘之结。幸好，这个绳结还完好无损地在朱庇特神庙里保存着。

亚历山大认认真真地观察了一遍这个结，却怎么也找不到绳头。这时，他灵机一动：“我为什么不用自己的方式来把这个绳结打开呢？”

于是，他拔出手里的剑，一剑就将绳结劈成了两半，就这样这个遗留了数

百年的难解之结，轻易地被解开了。

不擅长行动的人，都有一个习惯：那就是拒绝改变，喜欢维持现状。这其实是一种深具欺骗和自我毁灭意义的坏习惯，因为万事万物都是在不断变化的，正如人的生死一样，没有任何事物是一成不变的。但是因为内心对未知的恐惧，许多人都不愿改变，哪怕现状是令他非常不满意的，他也不敢再向前跨出一步了。就像故事里那些想解开绳结，却又不愿打破常规的人，最终只能错失机会。

当我们决定有所行动时，就不可避免地会遭遇许多困难和挫折，行动也是克服困难的唯一方法。所有的挫折和困难都是行动的“副产品”，或者说，只要行动，就会出现必然结果。因为如果你不行动，这些困难和挫折也就不存在了，但是解决这些困难和挫折也正是行动的目的所在。每解决一个困难、克服一次挫折，就会离我们的目标又近了一步。解决问题就是行动的主旨，在我们往前行进的途中，既然困难和挫折无法避免，我们何不把它当作朋友，从中吸取经验教训，最终在行动中越挫越勇，走向成功。

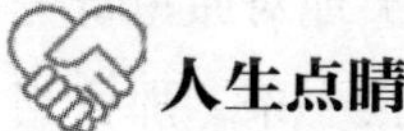

人生点睛

当你切切实实地行动起来，为了梦想付出努力，并收获回报时，你的自信，也会随之而来，这样你对梦想也会充满热情，你的梦想也就不再只是梦想了。

拖延是对人生最大的挥霍

在我们的日常生活中，拖延已经是司空见惯的事了，所以大多数人并没有把它放在心上。但是如果你从现在开始，连续记录你这一个月的生活，你会惊讶地发现，因为拖延，你浪费了多少时间，耽误了多少事，你会发现，拖延正在不知不觉地损耗着我们的生命。

对渴望成功的人来说，拖延是阻碍自己前进的第一大杀手。它会让我们

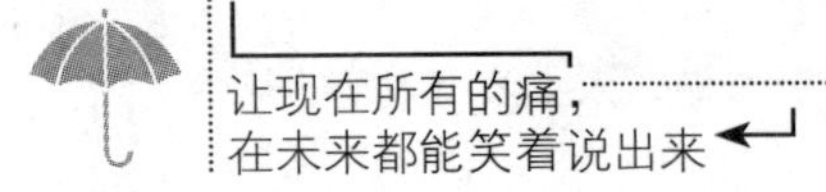

变得不思进取，遇到事情首先想到的便是拖，这种拖延一旦开始，便会一拖再拖，最后形成一种根深蒂固的习惯。生活中，我们经常能见到那些行事拖沓、做事喜欢推脱责任、得过且过的人。他们不知时间的可贵，做事总是习惯性地先拖一拖，却不知道关键时候拖延会给自己带来不可挽回的严重后果。

有一次，约翰·邓尼斯和他的一个部下一起到公司的各个部门视察。当他们赶到休斯顿的一个区的加油站时，已经是下午三点了，但约翰·邓尼斯看到油价公告牌上公布的价格却还是昨天的，并没有按照总部指令将油价下调5美分/加仑进行公告，他十分不满，立即让部下叫来了加油站的负责人弗里奇先生。

看到弗里奇正从远处走过来，约翰·邓尼斯毫不客气地大声说道："弗里奇先生，你怕是还熟睡在昨天的梦里吧！你大概还不知道，你的拖延已经给我们公司的荣誉造成了巨大的损失。因为你们汽油的单价比我们公布的单价高出了5美分，所以我们的客户完全可以在休斯顿的其他场合，对我们公司的管理水准进行贬损，让我们的诚信大大降低，并使我们的公司成为同行的笑柄。"

终于意识到问题严重性的弗里奇先生赶紧说道："是的，我马上去改。"

看见公告牌上的油价得到更正以后，约翰·邓尼斯面带微笑地对弗里奇先生说："如果我告诉你，你腰间的皮带断了，但是你却不及时换一条，那么当众出丑的只有你自己。这是我们竞争财富排行榜第一把交椅时最强劲的对手沃尔玛商店的信条，你应该知道并记住。"

然后，约翰·邓尼斯和部下一起离开加油站接着去视察下一家公司了。不过，从这之后，那个加油站的负责人弗里奇先生做事再也不敢拖沓了。

人之所以拖沓是因为他们虽然"有兴趣"去做某些事，但却没有执着于更宽广的目标、更高远的理想、更重要的任务。他们总有借口自圆其说，他们自己对这些借口信以为真，还希望别人也相信这些借口。到头来，却是工作、人生都被耽误了。

商场如战场，我们每天的工作就好比战斗，在竞争中占据优势、立于不败之地是每一家企业都希望看到的，这也就对企业员工提出了更高的要求。不只要有能力、效率也必须达到要求。老板的眼睛是雪亮的，做事拖沓、没有效率的员工是不会被老板看好的，因为老板知道，办事拖沓、喜欢给自己的失误找

借口的员工是不可能把本职工作做好的。

人生点睛

拖延多是由于考虑过多或者懒惰造成的。当然，做选择时，谨慎一些绝对是必要的，但是千万不能过头，不然就只能是优柔寡断了。我们要想做到不拖延，最好的方法就是逼迫法，也就是在知道这件事是必做的事情时，立刻着手做，不要给自己拖延的时间，不要让懒惰有趁虚而入的机会。

主动出击，才能收获精彩人生

在“伯乐相马”的年代，伯乐只有一个，他生活在明处；“千里马”却有无数，他们在暗处。纵使伯乐有火眼金睛，但是他时间有限，精力也有限，不可能发现所有的“千里马”。能被“伯乐”发现的“千里马”都是幸运的，就像企业里面得到老板赏识的员工。因为他们的才华被人赏识，有发挥的地方，想做出一番自己的事业也就不在话下了。但是“千里马”这么多，“伯乐”毕竟是有限的，如果没有“伯乐”，难道你就甘愿这样平庸地过一辈子吗？

人活一世，每个人都希望自己能在有限的生命里出人头地、活出价值，没有人是一开始就甘愿碌碌无为一辈子的。但是要想出人头地，光是想想是没有用的，没有伯乐，我们也不能就这样放弃，我们应该主动出击，向别人展示自己，用事实证明自己是“千里马”。大家都知道勇敢的鹰总是把自己的爪子露在外面，这是为什么呢？它其实是在像猎物展示自己的勇猛，对它们构成威胁。这就是推销自己的艺术，变消极等待为积极出击。在这方面，战国时期的毛遂的做法或许能给我们不少启示。

战国末期，秦军在长平一线，大胜赵军。秦军主将白起，领兵乘胜追击，包围了赵国都城邯郸。

大敌当前，赵国形势万分危急。平原君赵胜，奉赵王之命，去楚国求兵解围。平原君把门客召集起来，想挑选20个文武全才一起去。他挑了又挑，选了又选，最后还缺一个人。这时，门客毛遂自我推荐，说：“我算一个吧！”平原君见毛遂再三要求，才勉强同意了。

到了楚国，楚王只接见平原君一个人。两人坐在殿上，从早晨谈到中午，还是没有结果。毛遂大步跨上台阶，远远地大声叫起来：“出兵的事，非利即害，非害即利，简单而又明白，为何议而不决？”楚王非常恼火，问平原君：“此人是谁？”平原君答道：“此人名叫毛遂，乃是我的门客！”楚王喝道：“赶快退下！我和你主人说话，你来干吗？”毛遂见楚王发怒，不但不退下，反而又走上几个台阶。他手按宝剑，说：“如今十步之内，大王性命在我手中！”楚王见毛遂那么勇敢，没有再呵斥他，就听毛遂讲话。毛遂就把出兵援赵有利楚国的道理，作了非常精辟的分析。毛遂的一番话，说得楚王心悦诚服，答应马上出兵。不几天，楚、魏等国联合出兵援赵。秦军撤退了。平原君回赵后，待毛遂为上宾。他很感叹地说：“毛先生一至楚，楚王就不敢小看赵国。”

很显然，毛遂是一匹“良驹”，但是在平原君的门下三年，却一直未得到赏识，如果他一直等着被平原君发现，估计得等到头发花白，平原君也难以在这么多门客中发现他吧。不过还好，他并没有消极等待，而是选择大胆出击，主动把自己推荐给平原君，到了楚国之后，他又在关键时刻主动站出来，一番威逼和慷慨陈词，终于让楚王松口，愿意搬救兵。

可见，除了一味地等待别人发掘自己，人也要学会主动出击，这样才能抓住机会，要知道，守株待兔的最后结果只能是活活饿死。人生要精彩，就要主动出击，如果一生只能当个看客，做别人的配角，岂不是很悲哀？

人生点睛

主动出击除了需要勇气以外，最重要的还得有真才实学和时机。没有真才实学，即使推销出去了，也会被退回来的，所以不可或缺。时机就更重要了，如果我们不顾场合、不管是否合适，只顾着展示自己，反而会弄巧成拙，遭人嫌弃。

不但要有成功的想法，还得为了圆梦采取行动

在生活中，很多人才华横溢，而更多的人却是碌碌无为。

那些碌碌无为又很平庸的人可怜，但是那些明明才华横溢却做不成事的人只能用可恨形容。因为，他们的能力可以帮他们做一些事情，最终却只会抱怨上天没有给他们成功的机会。之所以会这样，最大的原因就是他们虽然有理想，但是却没有付出实际行动，或者行动半途而废。

培根曾经说过：“好的思想，虽然得到了上帝青睐，但是如果没有付诸行动，和痴人说梦没什么两样。”那些成功的人，并不一定有多么奇妙的创意，而是他们行动果断，不会害怕失败，只有付出行动，才可以证明自己。虽然，行动的过程中可能充斥了艰难，也可能会失败，但是那又怎样，如果不行动，又怎么会看见自己是否可以成功呢?

深夜，一名性命垂危的病人即将步入死亡，死神来了，病人向他乞求：“能再给我一分钟吗？我想再看一眼这世界，还有我的亲朋好友。不过，若是我足够幸运，可能我还可以看见一朵正在盛开的花。”说完，他一脸渴望地盯着死神。

“你的想法很好，但是我无法答应你。因为，我已经给了你充足的时间，让你去欣赏你所说的一切，不过你并没有如现在一样珍惜。如果你不服气，可以来看一下你的生命账单；在你六十年的生命中，二分之一的时间你都在睡觉；剩下的三十年，你总是在拖延时间；平均每天你都会抱怨两三次时间过得太慢了。上学的时候，你总是拖延着不想进教室；成人以后，你又没有为目标而行动，而是把时间浪费在了喝酒、赌博、看电影上……”死神还没有念完他的生命清单，病人就已经去世了，死神感叹道：“如果你活着的时候，可以节约一分钟，那么，就可以听完我为你记下的这些账单了。”

成功始于梦想，圆梦则依赖行动。抱怨一千次也不如行动一次。积极的人生是勇于行动的一生，而不是一味抱怨的一生。

在一次演讲中，杰克·坎菲尔德拿出了一张面值100元的美钞，说道：“有没有人想要得到它？”

这时，在座的所有人都举了手。但是杰克依然坐在那里，手里拿着那100美元，又问道：“真的有人想要这100美元吗？”

终于，有个人走到他面前，抢走了杰克手中的100美元。

至此，杰克对现场所有人说：“他刚才的行为和其他人有什么不一样吗？是的，只有他离开了座位，采取了行动。”

只想不做，一事无成。只有行动了才可以缩短自己和目标之间的距离，才可以获得幸福的人生！身体力行永远强过怨天尤人。除非开始行动，否则，即使抱怨再多，也没有办法改变事情的结局，在行动中才有可能创造机会，坐以待毙的人永远不会得到机遇的垂怜！

人生点睛

十个完美的想法也比不上一次有效的行动，虽然梦想始于我们的想法，但是要想梦想成真，就必须付诸实践，只有积极行动起来，才能离梦想越来越近。

将梦想付诸行动

理论源于实践！理想也只能依靠自己的真实行动来实现，一味空等，理想永远无法成为现实。它就犹如种子一样，无论多好的种子，不将其种在肥沃的土壤之中，它永无发芽之日。想法唯有付诸实践，方能实现美好愿望。光说不做，再好的理想和愿望都不可能成为现实。

在我们的身边，如果仔细地观察就能发现，那些有过贡献，成绩优秀的人，他们并非个个都有远见卓识，他们的目标和梦想往往跟周围的人相差无几，只是因为他们比别人先行一步，将自己的梦想付诸现实，并能孜孜追求。

有两个年轻人，分别来自以色列和美国，他们一起乘船去异国闯荡，下了码头之后，他们看着海上的豪华游轮从眼前驶过，都很羡慕。来自以色列的年

轻人对美国年轻人说道："要是有一天我也能拥有一艘船，那该多棒！"美国人点头以示赞同。

午饭时间，他们顿觉肚子很饿，二人环顾四周，发现一辆快餐车围满了人群，看起来生意不错。以色列人对美国人道："不如我们做快餐生意如何？"但是美国人却说："主意是很好，但是你再看看旁边的咖啡厅吧，它的生意貌似也很好。"两人无法达成统一意见，因此分道扬镳了。

相互告别之后，以色列人立刻选择了一个很好的地点，然后将所有的钱投资做快餐。经过不断努力，8年的用心经营，使得他拥有了很多家快餐连锁店，积累了大量的资金后，他为自己买了一艘游艇，将自己曾经的梦想付诸现实。

一天，他驾着游艇出游，看见远处一个衣衫褴褛的男子走了过来，竟然就是当年那个跟他一起闯天下的美国人。他非常高兴，问美国人："这些年你都去哪儿了？在干什么？"美国人回答道："8年的光阴，我无时无刻不在思考：我到底该做什么!"

有了梦想，就应该快速将其付诸行动。坐在原地空等，与盼着天上掉馅饼无异。毫不犹豫地为梦想创造实现的条件，方是美梦成真的最佳途径。有些人虽然已经定好了目标，但是一会儿害怕过程过于漫长，自己无法坚持到最后；一会儿又怕任务太艰巨，做到最后迎接自己的只有失败。这样裹足不前，彷徨犹豫，只能让机遇从面前擦身而过，徒劳无功白费时间。

实现梦想切忌缺少恒心，朝秦暮楚。唯有确定目标，坚持不懈，方能扫除一切障碍，到达梦想的彼岸，实现美好的人生蓝图。因而，若想成就一番大事，就必须要为面临的挑战甚至是失败而准备，努力坚持，为自己既定的计划而奋斗，向着自己的目标不断前进。唯有如此，才能成就梦想，脚踏实地地驶向成功。

人生点睛

要成功首先必须得有远大的理想，但是空有理想却不行动，那么理想就永远只能是理想。要想实现理想，成功者共进退的一个共性就是一旦确定了目标，就咬住目标不放松，马上行动起来，为了实现这一目标努力拼搏，不达目的誓死不罢休。

一生做好一件事

人的生命是有限的，精力也是有限的，想要在这有限的时间里，创造奇迹、有所成就，就必须做到专一、专心、专注、专业，把所有的精力集中起来，做好一件事，眉毛胡子一把抓，只能落得个竹篮打水一场空的结果。

所谓“专注”，就是集中精力、专心致志。一个专注的人，往往能够把自己的时间、精力和智慧凝聚于所要干的事情上，从而把自己的积极性、主动性和创造性发挥到最大限度，努力实现自己的目标。很多工作本身其实并没有想象中那么难，也不是人们不会做，但还是有很多人怎么做也做不好，究其原因，就是因为专注度不够。只有专注才能专业，只有专注才能造就成功。一生只做一件极致的事，需要资本和毅力，也需要幸运和胆识。

乔布斯在苹果公司陷入经济危机时，决定重返苹果，并大刀阔斧改革，停止了不合理的研发和生产，把一百多款产品线砍到四款，并推出了iMac，创新的外壳颜色透明设计使得产品大卖，并让苹果度过财政危机。一般市面上的其他手机品牌一年之内至少要做五六十个品牌，但是苹果一年只推一款手机，这就是从繁到简、单点极致。

不过采用单点极致这一策略时，你也得注意一个问题，那就是你选取的那款产品必须是成功概率最高的。

对于创新，虽然不可预测单品的成功概率，但是可以预测大面积的创新概率趋势。颠覆式创新玩的是小单品、大概率成功的策略。

例如，当iPhone的收入仅为iPod收入的一半时，乔布斯并没有因此放弃iPhone，反而十分看好iPhone的前景，放弃了iPod。这其实就是概率和趋势共同作用的结果，符合大趋势就是大概率。

在难以取舍时，你作出的选择必须是以大趋势为依据的。这是从繁到简、单点极致的选择依据。

90岁的小野二郎，是全球最年长的三星大厨，在日本地位崇高，被业界誉为“寿司之神”。他一生都在握寿司，要是他的技术称第二，无人敢称第一。如果要去店里吃握的寿司，提前三个月预订，都不一定吃得到。奥巴马访问日本时，安倍请他吃饭的地方就是小野二郎的寿司店。

有人曾采访过去那吃过寿司的人，有个人的回答是这样的：“我明明是客人，是去吃饭的，但是我却怕他。吃饭的怕做饭的，对他充满敬畏，对他的作品充满敬畏。”

要做到让吃饭的人对做的食物心存敬畏，这该是多难得啊！常言道：“心心在一艺，其艺必工；心心在一职，其职必举。”不管你在哪个领域工作，你的职业是什么，只要你能够倾你一生的精力、智慧和才华，不放弃、坚持到底，把自己正在从事的工作做到最好、做到极致，那么，你就能超越梦想、成就辉煌。

“一生做好一件事”，因为天外有天、人外有人，我们只要在这个社会上生活，不管进入哪一行，都会有强大的竞争对手在等着我们，要想获得胜利，就必须坚持。而专注则会让你做得比竞争对手更好，所以必须牢记“一生做好一件事”的经验训，只要你坚持在你喜欢的领域里奋斗一生，一定会有所成就。

人生点睛

经常听人抱怨成功有多遥不可及，也常会看见一些人因为被一时的小名利所诱惑，而模糊了一直坚持的目标。一件事还没怎么深入就被其他事情影响了判断而去做别的，其实正是因为缺少了一种专注。感到两难的时候，我们真正应该做的其实是静下心来，好好对自己的人生做一下规划，确定目标，然后坚持下去，专心致志把一件事做到完美！

第12章 保持内心清明，别让烦扰乱了宁静之心

刚进入社会，难免会在这个充满诱惑的地方失了方向，但是不管什么时候，我们都要记住，要想进步，要想有所收获，就必须先学会放下、学会反省。不管遇到什么诱惑，我们都应该时刻保持内心清明，不骄不躁，不让这些诱惑扰乱了自己的心，做出错误的选择。

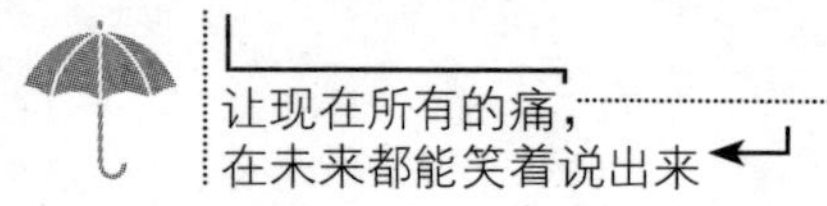

浮躁是人生的大敌

浮躁是一种焦虑不安的心态。进取心太切，患得患失；虚荣心太强，战战兢兢。一心争强好胜，唯恐榜上无名。说起来夸夸其谈、头头是道，仿佛一肚子雄才大略，做起来偏偏心中无数手足无措，因而时刻担心一着不慎满盘皆输，这些都是浮躁的表现。

浮躁，其实也是人生的一大障碍。而人之所以浮躁，一方面是由于自己没有什么真才实学，经不起现实的考验，能力支撑不起梦想；另一方面则是太过急于求成，结果越着急事情做得越不好，恶性循环。

三伏天，禅院的草地已经是一片枯黄，“快把草籽撒些把，等天凉了就不好了！”小和尚说。住持挥挥手说：“随时。”中秋的时候，住持到集市上买了一大包草籽，让小和尚去种下，秋风迅疾，草籽随风飘撒。“草籽被风吹得到处都是！”小和尚喊。“没关系，会被风吹走的草籽大多都是中空的，即使撒下了，也不会长草的。”住持说，“随性。”小和尚刚把草籽撒完，就来了几只小鸟，眼见着草籽被叼走了不少，小和尚又着急了，大声喊住持。住持一边翻着经书，一边安慰说：“没关系，随遇。”到了后半夜，秋雨袭来，小和尚大惊，赶紧冲进禅院：“这下真的完了，草籽肯定都被冲光了。”住持正在打坐，不动声色地说：“随缘。”

一晃离撒下草籽已经过去半个多月了，嫩绿的青苗开始不断地从光秃秃的地上钻出来，就连一些当初未播种的院角也有星星点点的绿色，小和尚很高兴，站在院子里直拍手。这时站在禅房前，看着这一切的住持点点头说：“随喜。”看到这里，你一定能看得出，小和尚浮躁的心态和住持理智、平常的心形成了鲜明的对比。从预备撒草种到长出绿苗，“徒弟”的情绪大起大落，而

师父却平和地面对。这种心态差别，源于两种人的阅历与素质。

住持的理性与平常心，尤其值得患得患失、在狂喜与颓废之间振荡的职场中人思量。很多年轻人都喜欢跳槽，爱抱怨，抱怨生活的不公、工作的不顺和老板的不好，但是决定我们生活状态的从来就不是工作和老板，而是我们自己。

我们在社会中生活，生活并不是我们想象的没有脾气，更不会像父母一样溺爱我们。只有付出了，才会有收获，所以从来都不是生活在给予我们什么，其实一切是我们自己给自己。尊重别人就能获得别人的尊重，心浮气躁就只能一事无成。

心里浮躁不仅是生活的一大障碍，更是人生的大敌。所谓成功，就是能在平凡的事中做出不平凡的成绩来。但是如果我们静不下心来、心浮气躁，总是追求自己得不到的东西，这样是不可能发现机会，成长和成熟的。

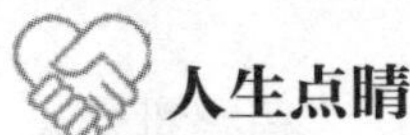

人生点睛

浮躁是一种焦虑不安的心态。浮躁会使人进取心太切，患得患失，会让人静不下心来做事，是阻碍人走向成功的绊脚石。人只有定下心来，明确方向，一步一步脚踏实地地往前走，才能真正走向成功，否则一切只是虚名，迟早是要被打破的。

反省是人生的必修课

我们在这个错综复杂的社会里生活，不管是成功，还是失败，都需要时刻反省自己，总结经验和教训，为下一阶段的努力确定方向、奠定基础。学会反省，可以让我们查漏补缺，发现自己生活中缺失的部分，以及我们思想上的盲点。一个不会反省的人，是看不到自己的缺点和短板的，这样就无法清楚地认识自己，然后在自己陷入迷茫的时候也无法自救。

其实，每个人的内心深处都或多或少隐藏着一些弱点，这种内在的弱点

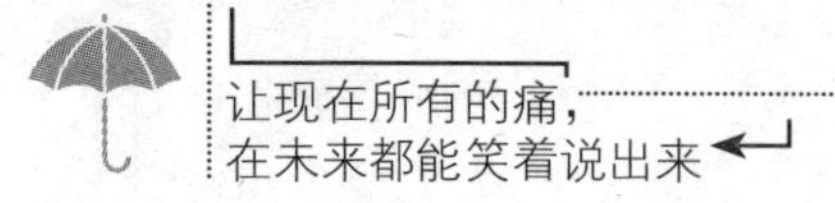

常常使我们处于一种危险的境地。譬如，生活没有目标、整日庸庸碌碌、无所作为，嫉妒别人的能力、抱怨命运的不公、嗜酒如命、饮食不知节制、消费成癖、纵情声色……如果我们不及时对这些缺点进行反省，继续这样走下去，就只会把自己推向灾难的境地。

夏朝时候，一个背叛的诸侯有扈氏率兵入侵，夏禹派他的儿子伯启反抗，结果伯启打败了。他的部下很不服气，要求继续进攻，但是伯启说："不必了，我的兵比他多，地也比他大，却被他打败了，这一定是我的德行不如他，带兵方法不如他的缘故。从今天起，我一定努力改正过来才是。"从此以后，伯启天天很早便起床工作，粗茶淡饭，照顾百姓，任用有才干的人，尊敬有品德的人。过了一年，有扈氏知道了，不但不敢再来侵犯，反而自动投降了。

碰到失败或挫折，都是难免的。我们不能一味地怪罪别人和时势，最重要的是要反省自己，假如我们能像伯启这样，能虚心地检讨自己，马上把有缺失的地方改正过来，那么最后的成功，一定是属于你的。

有一只乌鸦正在往南飞的路上遇到了一只鸽子，鸽子问它："乌鸦哥哥，您这么着急是要去哪呀？"

"真的要气死我了，我之前和百灵鸟它们住在一块，但是有一天我听见百灵鸟在唱歌，便想加入它们，谁知我刚一开口，它们竟然嫌弃我的声音太难听，我实在忍受不了，所以决定离开。"

"可是乌鸦哥哥，你想过没有，你这样其实是在白费力气，就算你换了位置，可是你的声音还是没有改变呀，这样不管你飞到哪里，都是没有用的。"鸽子好心地提醒它。

身处这个浮躁的社会，我们很容易就会被事物的表象所迷惑，因为眼睛长在我们自己身上，但是我们只能用它来看世界，看别人，我们看不到自己，这也就要求我们更应该时刻保持头脑清醒、经常自我反省和总结，然后找到平衡点。

所谓反省，就是反过身来审查自己、检查自己的言行，看到自己身上的错误，和需要改进的地方。反省是每个人人生的必修课，只有懂反省的人，才不会被自己的错误绑住手脚；只有懂反省的人，才能更清楚地认识自己，从而使

自己变得更好。

人生点睛

人时时需反省，事事需反省。只有时刻对自己做的事进行反省，才能不断找出自己的弱势，然后对症下药，变得更好。

别着急，慢慢来，属于你的岁月都会给你

成功就像登山一样，弯弯绕绕，想一条直线走到头是不可能的，只有不怕困难、不惧挫折，才能最终登上山顶！人生在世，遇到困难和挫折都是难免的事，但是如果一遇到失败和挫折，人就恼羞成怒、暴跳如雷，那还谈何成功呢？俗话说得好："黯然神伤时，则所遇尽是祸；心情开朗时，则遍地都是宝。"所以越是遇到挫折，越是应该打起精神来面对。

虽然成功不可能一蹴而就，路上会有很多艰险，但是只要我们时刻让自己保持一个积极进取的心态，不心浮气躁，经得住打击和寂寞，总有一天岁月会许给我们想要的。

在美国，有一位穷得连饭也吃不起的年轻人，可即便是这样穷困潦倒的时候，他仍然没有放弃自己的梦想，全心全意地为自己的梦想做着准备。他知道，自己想做演员，拍电影，当明星。

年轻人很早之前就已经就打探清楚了，当时，好莱坞的电影公司一共有500家。

下定决心后，年轻人带着为自己量身定做的剧本，根据自己之前定好的路线和确立的拜访顺序，一一前去拜访了这500家电影公司。但是第一遍下来，没有一家公司愿意聘用这个在他们看来实在是异想天开的年轻人。

不过面对各家电影公司的回绝，这位年轻人并没有就此放弃，在被最后一家电影公司拒绝，从公司出来之后，他又从第一家重新开始，继续他的第二轮拜访与自我推荐。这一轮拜访和第一轮拜访一样，依旧被全盘否定了。他仍没

有放弃，接着开始了第三轮的拜访，和前两次一样，他还是被拒绝了。

第三次从最后一家电影公司出来，吹着外面的寒风，年轻人知道成败就在此一举了，于是咬了咬牙，开始了第四轮的游说和拜访。老天终是没有辜负他，当他拜访到第350家电影公司的时候，这家老板破天荒地同意让年轻人把剧本留下来，他愿意看一下。

几天后，年轻人收到电影公司的通知，邀他前去电影公司商谈细节。就在这次商谈后，这家公司终于决定投资开拍这部电影，并且宣布剧本中的男主角由写剧本的这位年轻人担任。就这样，这部名叫《洛奇》的电影诞生了。

这位年轻人就是美国著名导演和演员史泰龙。即使是在多年后的现在，翻开电影史，这个日后红遍全世界的巨星和这部叫《洛奇》的电影依然榜上有名。史泰龙先后共计碰壁1849次，但他从没想过打退堂鼓，反而是坚持不懈、勇往直前，终于在第1850次获得成功。他的故事就是“失败乃成功之母”这句哲理的最好证明。

大部分人的人生都不是一帆风顺的，都难免遭受挫折和不幸。但是成功者和失败者有一个非常重要的区别，就是失败者会把挫折当成人生的绊脚石，所以每次挫折都会使失败者的勇气一点点减弱，导致最终被击垮；而成功者则是从不轻易言败，他们只会把挫折当成成功的垫脚石，越挫越勇，直到成功。总之，关键时刻能经受住打击，不让自己灰心丧气，失去斗志，才是最重要的。只有这样我们才会有坚持下去的勇气，才能得到上天对自己的奖赏。

人生点睛

一个人年轻时把脑袋装满了，等老了才能把口袋装满。对任何事都不要急于求成，慢慢来，一步一步做到最好，属于你的，迟早会到来。

不为明天的事烦恼

《圣经》中有这样一句话：“不要烦恼明天的事，因为你还有今天的事要

烦恼。”而且即使你为明天烦恼，也不能解决明天的事，因为今天的你不可能知道明天会发生什么事。每一天都有每一天的人生功课，努力把今天的功课做好，不要总想着明天的烦恼，这样才会积极真实地面对人生。

在撒哈拉大沙漠中，生活着一种土灰色的沙鼠。沙漠中每一年的旱季对这种沙鼠来说都是十分难熬的，因此在整个旱季到来之前，沙鼠都要囤积大量的草根做准备。在那段时间里，每天都可以看到沙鼠在自家洞口上跑进跑出，忙得不可开交，满嘴都是草根，辛苦程度不言而喻。

但是长期观察沙鼠的专家发现了一个很奇怪的现象，就是即使沙鼠囤积的草根足够让它们度过整个旱季时，沙鼠仍在拼命工作，好像这样它们才能感到安全一样。

而事实上，沙鼠这种过度的劳累和过虑根本是没必要的。后来专家研究证明，这中奇怪的现象是沙鼠的遗传基因决定的，这种对未来的忧虑是出于本能的，所以沙鼠的行为其实是多余且毫无意义的。

生活中，有很多像沙鼠这样喜欢对未来做无谓忧虑的人，而这些整天忧心忡忡、焦虑不已的人之所以会这样，并不是生活真的苦不堪言，而是他们常常为了一些还没有发生的事情烦恼，反而扰乱了自己的心，让自己无法享受平静、幸福的生活。

山上的寺院里，有个每天早上负责清扫寺院院子里落叶的小和尚。在冷飕飕的清晨清扫落叶实在是一件苦差事，尤其在秋冬之际，秋风不断，地上总是会堆积一层十分厚重的落叶。每天早上小和尚都要花很长时间才能把落叶打扫干净，这让他十分头痛，所以一直想找个能让自己轻松些的好方法。

有一天小和尚的一个师兄告诉他说：“你明天在打扫之前，先用力摇晃一下树枝，这样树叶就会都落下来，到时候你一次性打扫完了，后天就不用操心了。”

小和尚也觉得这个方法不错，于是隔天特意很早就起来，到院里使劲地摇树，他美滋滋地想，这样就可以一次性把今天跟明天的落叶打扫干净了。

第二天早上，小和尚满心喜悦地到院子一看，却傻了眼，和往常一样，院子里仍旧是落叶满地。这时老和尚走了过来，语重心长地对小和尚说：“傻孩子，不管你今天怎么用力摇晃树枝，明天的落叶依旧会飘下来的啊！”

小和尚终于想明白了，世间万物，大多都是无法提前预支的，只有认真地活在当下，过好每一天的生活，才是最真实的人生态度。

哈里伯顿说：“怀着忧愁上床，就是背负着包袱睡觉。”的确是这样，整天为还没有到来的事烦恼，就连已经拥有的快乐都有可能会失去，那样人怎么可能有真正地快乐呢？所以让自己心静下来，把握当下，踏踏实实地过好每一天，就是应对明天最好的法宝。

人生点睛

不为明天的事烦恼，并不是说得过且过、今朝有酒今朝醉，当一天和尚撞一天钟，而是活在当下、把今天的每一件事扎扎实实地做好。明天的烦恼，就交给明天去解决吧。车到山前必有路，想得太多，反而会连今天的很多快乐都失去。

无法选择天气，但是可以选择心情

有位哲人曾经说过：如果你不能做天上的太阳，那么你可以做一颗星星，但要是天空中最耀眼的一颗。造物主是吝啬的，不会给你全部想要的，但给你的也不会是你都不想要的。正如一句时尚的话语所说：每个人都是被上帝咬掉一口的苹果。没有人是十全十美的，是人都会有缺憾。但是这并不能成为我们消沉的理由，就像每日的天气，是晴是雨我们无法选择，但是我们可以选择面对它们时的心情。

有个老奶奶生了两个儿子，两个儿子长大后，一个做卖草鞋的生意，一个做卖雨伞的生意。大家都很羡慕老奶奶，说她的两个孩子都有出息。日子一天天过去，大家却发现老奶奶变得越来越忧郁了，不管天晴还是下雨都愁眉苦脸的，大家很不解，于是让住在老奶奶隔壁的大婶去问个究竟。

“大妈，您的两个儿子都这么出息，您为什么每天还这么忧愁啊？”大娘

忍不住好奇地问。

“你不知道，我的大儿子是卖草鞋的，只有天晴的时候草鞋才卖得出去，所以一到下雨天我就发愁。可是我的小儿子是卖雨伞的，只有下雨天才能卖出去，所以一到天晴，我又开始为他发愁了……”老奶奶道出了原委。

“大妈，这就是你的问题啦，天气是我们没法控制的，但是我们可以选用一个好心情来面对嘛。这件事情，换个角度想，就是天好的时候，卖草鞋的儿子有的赚了，下雨的时候，卖雨伞的儿子有的赚了，这样你就不会不高兴啦。”老奶奶一听的确如此，从那以后，每天都乐呵呵的，再也不忧愁了。

许多事情都是这样，有我们可以选择的，也有我们没法选的。就像故事中的老奶奶，如果她固执地只看她不能选择的天气，那么不管是天晴还是下雨，她都有一个儿子没有钱赚。但是如果我们可以转换心情，往好的方面想，那么不管是天晴还是下雨，她的儿子都有钱赚。

从前有个国王有两个儿子，大皇子整天愁眉苦脸，小王子则每天都开开心心、没有忧愁的样子，国王不解，有大臣建议，试探一下方可知答案。于是国王把大王子送到了全是玩具的房间里，把小王子则送进了满是牛粪的房间里。

到了下午，国王过去探望，结果大皇子坐在玩具中间哇哇大哭，国王问他：“周围全是玩具，为什么还是不开心呢？”大王子抽噎着说：“玩具太多，我不知道要玩哪一个。”国王又来到小王子的房间，结果小王子正哼着歌，在兴奋地铲牛粪。国王问他：“牛粪这么脏，你为什么玩得这么开心呢？”小王子笑着回答说：“父王让我来这一定是在这藏了不少玩具吧，我要把它们找出来！”

人的一生不可能背负起他所遇到的一切，也不可能得到他所想要的一切。但是除了那些你无法改变的，还有很多事，你是有自主选择权的，比如心情、比如你面对事情时的态度，而这些往往才是决定结果的关键。

是的，你不能选择生命的长度，但你可以选择生命的宽度；你不能选择自己的面容，但你可以选择笑容；你不能选择天气，但你可以选择心情……

人生点睛

这个世上，我们不能选择的事情太多了，这也是我们每个人人生中最身不由己的部分，但它们并不能左右我们的生活。想过什么样的生活，关键还在于自己的心态，如果你是一个消极的人，那么这部分不如意就会在人生中被无限放大，最终让你的人生也不舒坦。但是如果你是一个积极乐观的人，那么这些不如意就算不上什么，它们就只是让你更热爱生活的调味品。

面对生活，你需要一颗乐观的心

乐观是指我们面对问题时积极的心态，它有助于调节我们面对问题时的挫败心理，弱化我们面对困难时的挫败感。著名的思想家爱因斯坦曾说过："真正的快乐是对生活的乐观，对工作的愉快，对事业的兴奋。"可见用乐观的心面对生活，对一个人是否感到真正的快乐有多么重要。

面对生活，人人都会有烦恼，但并不是所有人都不快乐。快乐也不完全取决于财富，有的人很有钱，却终日不见其笑容；有的人只有很少的钱，却比任何人都开心。其实真正的快乐是有一颗乐观的心，一颗面对打击，可以乐观着说"没什么"的心；一颗面对失败、可以乐观地爬起来重新再来的心；一颗面对挫折，仍能乐观地笑着继续努力的心。

被誉为"宇宙之王"的霍金一次演讲结束后，有个女记者冲到演讲台前面，言辞犀利地问道："病魔将你永远束缚在了轮椅上，你不觉得命运对你太不公了吗？"霍金面带微笑，用他还能活动的3根手指，艰难地叩击键盘，然后显示屏上出现了4句话："我的手指还能活动；我的大脑还能思维；我有终生追求的理想；我有爱我和我爱的亲人和朋友。"在回答完这位女记者的提问后，霍金有接着艰难地打出了第五句话："对了，我还有一颗感恩的心。"现场爆发出热烈的掌声。

霍金从小就对自然科学有很强烈的兴趣，但他在21岁时不幸患上了使肌肉

萎缩的卢伽雷氏症，因此被禁锢在轮椅上，只有3根手指可以活动。不仅如此，疾病还让他的身体严重变了形，只能歪着脑袋靠在轮椅上。23岁那年，因患肺炎，霍金做了穿气管手术，被彻底剥夺了说话能力，这对一个正值青春年华的男孩该是多么大的打击啊。但是我们从他对记者的回答不难看出，霍金是一个非常乐观的人，他看到的都是自己拥有的东西，所以他从不为自己的失去难过。试想一下如果他在患病后，就此消沉下去，他还拿什么来与命运抗争，完成自己的梦想呢?

在社会这个复杂的大家庭中生活，都难免会遇上烦恼和不顺心的事，但并不是所有的人都不快乐。主要原因就是大家面对烦恼时的心态不同。悲观的人，面对烦恼首先想到的不是如何解决问题，而是先消极地想着最坏的结果，这样显然是不利解决问题的。但是乐观的人就不同了，乐观的人看事情都是从好的方面切入，凡事都是往积极的方面想，这样即使是困境也只能暂时困住他们。

如果一个人没有吃过苦，就难以知道甜的滋味。面对生活中的挫折和苦难，勇敢一些、乐观一些、坚定一些，时时保持着一种乐观的心态，做一个乐观者，人生才会散发光彩。

人生点睛

面对生活，我们需要乐观的心，但是所谓乐观并不是盲目的，就像自信一样，盲目自信就会变成自负，盲目乐观也是不可取的。

凡事多往好处想

我们在生活中，总是能够看到这样一种人，他们在做事之前，总要事先设想各种困难，将结果想象得异常可怕，就好像他们所做的事情必定不可能成功，失败才是他们最终的归宿。而这种心理设想常常就真的成为了现实。一味地消极，在心理设想各种失败，对于成功毫无积极之益。

反之，若是任何事都往好的地方想，那你就能保持永恒的创造力，并积极发挥自己的能量；你会坚定不移地朝着自己的目标迈进，并且对这一过程感到很享受：无论怎样的条件下，你都能尽自己最大的努力去找寻美妙的事物。对待困难我们要乐观，客观而冷静地对失败与成功的比例进行分析。最重要的是，要对自己充满信心，相信自己能够做好每一件事。

还在是单身汉的时候，艾伦曾经和几个朋友住在一间只有七八平方米的小屋中。生活异常不便，但是他却能每天都很开心。

很多人都问他：“跟那么多人挤在一起生活，就连转身都很艰难，你有什么可高兴的呢？”

他的回答却是：“每天都能和朋友在一起，我们可以交换思想，交流感情，这难道不是一件值得高兴的事吗？”

如此过了一段时间之后，朋友们纷纷结婚，先后成立了新家从这里搬了出去。最后屋子里只有艾伦一个人，但他依然过得很快乐。

有人问了：“你现在每天都形单影只，为什么还能这么开心呢？”

“因为我有很多书啊！一本书就相当于一个老师。能够和那么多的老师待在一起，每时每刻都能向它们请教，这要我如何才能不高兴呢！”

几年过去了，艾伦也成了家，他搬进了一幢大楼里。大楼有七层，而他的家却是在最底层。那里的环境也是最脏最差的，上面的人总是往楼下倒脏水，要么就是丢破鞋子、臭袜子等，甚至还有死老鼠，每天与这些乱七八糟的脏东西生活在一起，艾伦依然是一副悠然惬意的模样，人们更加好奇了，“住在这样的房子里，你为何还能感到开心？”

“那是因为你不知道住在一楼的妙处啊！比如，一进门就是自己的家，不用爬累人的楼梯；搬东西很方便，不用花费大力气；朋友来拜访很容易，不必再去一层一层地敲门询问……尤其让我感到满意的是，我可以在空地上养花、种菜，其中的乐趣真可谓享之不尽啊！”艾伦一脸陶醉地回答道。

一年之后，艾伦将一层的房间转让给了他的一位朋友，这是一位偏瘫老人，上下楼很困难。然后他去了楼房的最高层——七楼，但他依然是每天乐乐呵呵的。

因此经常有人来调侃他：“我亲爱的先生，现在住在七楼是不是依然有很多的好处呢？”

艾伦回答说：“那是当然呀，真的有不少好处呢！打比方说，每天几次上下楼，可以锻炼身体，有益于健康；光线充足，看书写字不用太费眼睛；头顶上再没人乱丢东西，无论昼夜都很安静。”

生活中不如意之事十之八九，如果你只是一味地为这些事而烦恼忧愁的话，你将永远不会真正地快乐。所以，当我们处在困境之时，不妨尝试着用艾伦的做法，凡事皆往好处想，也许你就能得到快乐！

美国教育家卡耐基说：“我们如果有了快乐的思想，就能真正地快乐。若是我们的思想太过于消极，那么我们就会觉得很悲惨。如果我们的思想中夹杂了害怕因素，我就会感觉到恐惧。若是我们的思想不健康，那么我们就会生病。”这段话充分证明了，快乐的情绪需要我们自己去制造！

人生点睛

其实世上的很多事，是好是坏，都在自己的一念之间。有时候仅仅是因为自己一时想法的变动，事情的结果就会天壤之别。所以，放宽心态，遇到事情多往好处想，才能从容迎接生活中的各项挑战，不被生活的挫折压倒，人生之路才能走得更顺遂。

不做无谓的争辩

富兰克林曾说过：“如果你争辩，争强，也许你会得到胜利，但却是一种得不偿失的表现，只因你永远不能让对方产生好感。”有好的口才并非坏事，然而运用不当只会成为坏事。将“逞口舌之快”当成是一种“快乐”，其实是一种悲剧。时刻谨记，不可逼人太甚，为自己留一条退路。

争辩本身其实是一件很伤感情之事，知晓说话艺术的聪明人，在职场中与人交谈时，永远不会跟他人为无足轻重之事去争论或辩解。“要懂得避开与人

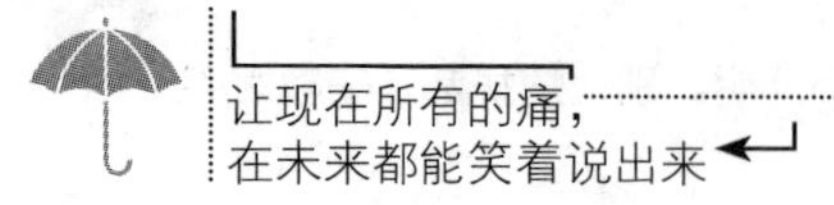

正面的冲突”是那些能够在职场中左右逢源的人的生存法则。因为他们皆知争论无益之理，并不能改变他人的意愿，只会徒增彼此的嫌隙，百害而无一益。

在古代，有两个人发生了争论，在甲看来，四乘以七是二十七，而乙则认为四乘以七是二十八。为此二人争论了一天一夜，彼此都不肯认输，最终只能去县太爷那里寻求答案。得到的结果却是四乘以七等于二十八的那位被罚以二十大板。

为此乙感到不服，他觉得是县太爷处事不公。而县太爷却说道：“你竟然能够跟一个四乘七等于二十七之人争论许久，本身就是一种愚昧，难道不应该被罚吗？”这话说得很有道理。有理并不意味着一定要争辩，即便有理，如果只是陷入无谓的争论之中，着实不是聪明之人该做的。避开无谓的争论，不失为一种明智的策略。

林肯曾经跟一位青年军官的同事发生过这样的争论：“任何一个有抱负想成就一番事业的人，都不会将时间耗费在私人争辩之中。争辩之结果。包括发脾气、失控，其后果都是让人无法承受的。与其跟狗争辩，被它咬一口，还不如让它先走。否则即便是杀了它，也无法消去被咬伤的疤痕。”

卡耐基作为美国的教育家，也曾说过：“能够得到争辩最大利益的方法就是避免争辩；避免争辩就如同避免响尾蛇和地震一样。”的确，争强好斗并不能使误解消除，反而会激发矛盾。唯有避开无谓争辩，方能排除烦恼，不受外界所影响，专心致志地向自己钟爱的事业而努力奋斗。

卡耐基还曾说：“你永远无法赢过争论。要是输了，当然你就输了，如果是赢了，还是输了。”在争论之中，永远没有胜利者，凡是不愿在争论中树敌的人最后都只能是失败的那个，不论是否愿意。因为，在争论中，其结果百分之九十都会让双方比之前更加坚信自己是正确的，抑或即便感觉到了自己的错误，也不会在对手面前认输，向对方俯首称臣。在这里，口服和心服永远不会达成一致，固执己见，只会让双方越走越远，直到结束争论，你就会发现，双方的立场早已在无形中发生巨变，一场毫无益处的争论使得彼此的立场更加对立。因此，能在争论中获取胜利的方式，天底下只有一种，那便是——避开争论。

正如本杰明·富兰克林所说："若是你总在反驳、抬杠，或许你会得到暂时的胜利，但那空洞无益的胜利，只会让你的印象在对方心中越来越差。"在争论中，你也许是有理的一方，但是若要改变他人的想法，那你就错得离谱了。

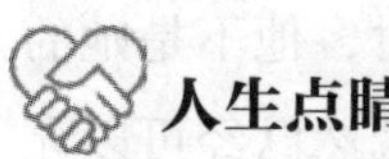

人生点睛

避免无谓的争论，需要有良好的自控能力。面对别人的挑战，尤其是态度比较蛮横的挑战，人有一种天然的自卫心理。这时我们需要冷静，需要自制，千万不能让冲动之火，烧毁理智的缰绳。

接受不完美，别跟自己过不去

若是一个人对己对人都要求过高，一味地追求完美，这种性格的人我们称之为完美主义者。这种性格的首要表现是刻板、固执、不灵活，他们不愿接受自己或他人的不足，无法接受自己或别人有弱点，挑剔异常。然而，俗语有云"不如意事十常八九，可与言人无二三""家家有本难念的经"，由此观之，人自从出生的那一刻起，面对未知的世界，便注定了我们每个人都并非完美的个体。因此，追求所谓的"完美"，其本身就是一种"不完美"。

常言道，"金无足赤，人无完人"，现实是如此地残酷。如果过于偏执不肯变通，只会让人陷入完美主义的心理旋涡而不能自拔，这反而是一种不善待自己的表现。

有个青年，名为伊凡，自从读过契诃夫的"要是已经活过来的那段人生，只是个草稿，有一次誊写，该有多好"这段话之后，十分神会，于是他向上帝递交了一份报告，请求在自己身上做个试验。上帝思索了一下，看在契诃夫的名望和伊凡执着的分儿上，便决定让他在寻找伴侣一事上做个尝试。伊凡到了适婚的年龄，遇上了一位天姿绝色的姑娘，两厢倾心。伊凡便觉得自己找到了命中注定的伴侣，很快两人便结为夫妻。过了不久，他发现姑娘虽然美丽，但是却不会说话，做起事情也笨拙不堪，两人无法做到心灵契合。因此他将这段婚姻作为草稿抹去了。

伊凡第二次结婚的对象，条件要求提高了，新娘不仅要仙姿玉色，还要聪明而能干。但是没过多久，他发现第二任妻子脾气糟糕，个性太强。聪明变成她对伊凡冷嘲热讽的资本，能干变成戏弄伊凡的手段。在一起时，他不是她的丈夫，而是牛马，甚至器具。伊凡忍无可忍，他向上帝祈求，既然已经可以允许人生有草稿，请准三稿。上帝但笑不语，允了。

第三次结婚时，他择偶的标准又附上了一条：脾气好。婚后两人甜蜜恩爱，对新婚生活很是满意。结果不到半年，妻子得了重病，缠绵病榻，充满病态的脸上不复昔日的美貌和年轻，即便再聪明能干都毫无用武之地，徒留好脾气却毫无魅力可言。

虽然伊凡的故事是虚构的，但是他的身上却折射出很多人的影子，很多人都同他一样，不满于自己所拥有的，总想着能有一次修改和誊写的机会。无能或无法修改的人，每天为此而自怨自艾、怏怏不乐；而可以修改的人，争先恐后地去尝试修改，甚至有的人再三地修改，就如同伊凡，事到终结，他得到的依然是遗憾。

事实上，只要敢于接受不完美，才能一步步地向完美靠近。通常人们所说的“完美”，往往只是在为人处世和工作中，相对于做得比较全面、较好而言的，绝非超出客观条件，一味武断地“求多贪全”“争高弃低”，不允许存在缺憾和弱点。正确掌握“完美”观的基本准则，并严格遵循，不然就会出现偏执，走入极端，造成不好的后果。

人生的道路上，符合自己所有期待的事情是不可能出现的，也不可能让所有人都只对自己好，要求生活对自己绝对公平也是不可能的，这些苛刻地追求完美的要求是无法全部实现的，但是有一点，我们随时都能做到：不要跟自己过不去。

不跟自己过不去，不仅是一种淡泊的心态，更是一种凌驾于命运的风采；不跟自己过不去，不仅是一种勇敢，更是一种超然。正所谓“宠辱不惊，看庭前花开花落；去留无意，望天外云卷云舒”，所以要保持一颗平常、安定的心。

人生点睛

人这一辈子，所犯的错误大大小小，细算起来是怎么也算不清的。如果将焦点集中自己的错误上，只会让我们深陷其中，觉得自己一无事处，世界也毫不可爱。这种不断跟自己较真、跟自己过不去的行为对我们的成长一点积极作用也没有。但是如果我们愿意接受这个不完美的自己，不再为一些不能挽回的过去纠结，反而能让我们把更多的时间放在有益成长的事情上面，把生活过得更有滋有味。

第13章 将来的你，会感谢现在忍痛坚持的自己

伟大的发明家爱迪生曾说：“卓越的人一大优点就是，在不利与艰难的遭遇里百折不挠。”失败和挫折是我们人生必经的，卓越的人深谙此理，所以他们把失败和挫折当作成功路上的垫脚石，最终踩着它们走向了人生巅峰。年轻人，遇到点挫折，遭遇点失败，这根本不算什么，谁的人生没有几条坎，不能在失败面前百折不挠，不能在挫折面前咬牙坚持，是无法走向成功的。

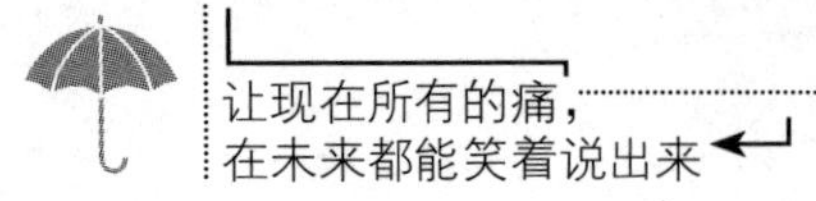

人生的挫折不能省略

生命的精彩在于一次一次地蜕变。只有经历过诸多的折磨，才可以拓宽生命的道路。面对人生的岔路口，如果选择了一条康庄大道，那么很可能拥有的是一段舒适而安逸的青春，但是也同样会失去一个很好的锻炼自己的机会；如果选择了一条坎坷的小径，那么青春也许是痛苦的，但相应地，人生的真谛就在其中。

蝴蝶的幼虫时期是在一个有着狭小洞口的茧中度过的。当它的生命要发生质的飞跃时，这些狭小的洞口对它来说无疑是一道“鬼门关”，为了破茧而出，这些柔嫩的身体必须拼尽所有力气。很多幼虫在往外冲刺的过程中因为力竭身亡，成为飞翔的不幸祭品。

有的人心怀悲悯之心，想要帮助幼虫更容易通过洞口，于是用剪刀把茧的洞口剪大，没想到的是，那些受到帮助早日得见天日的蝴蝶却无法成为真正的精灵——因为不管怎样努力，它们都无法飞起来，只能拖动着失去了飞翔能力的翅膀笨拙地爬在地上！原来，那些看着像“鬼门关”一样的狭小洞口正是使蝴蝶幼虫能够长成自己的双翅的关键。

人的成长过程与蝴蝶的破茧而出非常相似，在痛苦的挣扎过程中，人的意志得到磨炼了，力量强大了，心智也成熟了，生命从痛苦中获得了升华。有一天，当你走出痛苦时就会惊觉，原来自己早已拥有飞翔的能力。如果没有经历挫折，那么很可能和那些被帮助过的蝴蝶一样，双翅萎缩，只能在地上爬行。

有个渔夫捕鱼技术一流，被人们盛赞为“渔王”。借助自己捕鱼赚来的钱，“渔王”积累了许多财产。但是，日渐年迈的“渔王”却一点儿也高兴不起来，因为他的三个儿子的捕鱼技术都非常一般。

于是他经常向别人倾诉自己内心的苦楚：“我真的想不明白，我的捕鱼技术如此之好，为什么儿子们表现就这么差？从他们懂事起我就手把手地教授他们捕鱼的技术，从最基本的内容教起，告诉他们如果编织渔网最容易捕捉到鱼，如何划船才不会惊扰到鱼，如何下网才更容易‘请鱼入瓮’。等到他们长大后，我又告诉他们如何辨别潮汐和渔汛……这么多年我辛苦积攒的捕鱼经验，都悉数教给了他们，为什么他们捕鱼能力还不如那些比我差的渔民的儿子！”

有个路人听到了他的诉苦，于是问道：“你一直都亲自教导他们吗？”

“是的，为了能够让他们学到一流的捕鱼技术，我教得非常细心，面面俱到。”

“他们一直都跟着你吗？”

“是的，为了能让他们少走一些弯路，我都是只让他们跟我学的。”

路人说：“这样看来，你的错误非常明显了。你只教给了他们捕鱼的技术，却没有教给他们应该面对的教训，对于他们来说，没有教训就和没有经验一样，都无法成为大器之才。”

人们常常把生活中的挫折当作人生中最消极的，应该完全规避的东西。当然，生活的折磨并不是主动冒险，冒险寻求的是一种挑战的快感，而人们忍受着生活的折磨是无法自由选择的。但是，所有的挫折都是纯粹消极的吗？清代金兰生在《格言联璧》中这样写道：“经一番挫折，长一番见识；容一番横逆，增一番气度。”由此看来，那些挫折与横逆的折磨对人生来说不仅不是消极的，反而是一种帮助成长的积极因素。如果人的一生都是坦途，那么就会和渔夫的儿子一样，成为平庸之辈。

如果你现在还在遭受着各种折磨，那么恭喜你，因为命运赋予了你战胜自己，自我升华的机会。从另一种角度看待这些折磨吧，感谢那些在工作与生活上折磨你的人，然后你就会获得快乐。用这种乐观的态度笑看人生，才有可能获得真正的成功。

人生点睛

“宝剑锋从磨砺出，梅花香自苦寒来。”一直生活在羽翼之下的小鸟是学不会捕食的本领的，一直生活在父母的庇佑之下，是没办法自己养活自己的。人只有经过挫折的磨炼，才能真正地长大成熟。

感谢你的那个强劲的“敌人”

在正常情况下，人只要碰到针锋相对的对手，都可能恨不得把对方一脚踢开，这样一来自己才能尽享太平盛世，不受一丝威胁。但是不可否认的是，正是因为竞争对手的存在，我们才会一刻也不敢松懈、不断修炼自己，在竞争的同时也让自己变得更好了。

在我们生活中，经常会看到这样一个现象，树木生长地少或者独自生长的树木，树身一般都不是很高，枝干也大多弯曲不够笔直。但成片生长的树木却截然相反，它们大多都高大挺拔，树干也十分笔直。这就让很多人感到不解了，按道理，阳光、水分是树木生存发展必需的条件，所以生存环境优裕的树木肯定比环境恶劣条件下的树木高大挺拔的。但事实却是头顶上只有巴掌大一块天的树木比占有阳光、空间多的树木长得好。

原来，树和人一样，成片生长的树木，因为阳光、水分有限，所以每个想生存的个体，只有让自己长得高大挺拔，身强体壮，这样才能在本就不大的生存之地上占有一席之地，最终它们都长成令人敬仰的栋梁之材。而稀疏的树木虽然生长条件不错，但是因为没有竞争对手存在，所以就生长得十分随意、懒散，所以往往都是长得奇形怪状，最终也不会长成大树，被人们重用。

今天的社会，不管你身处哪个领域，都充满了各种各样的竞争，这是任何人都无法避免。有的人之所以能够脱颖而出，正是因为他们深谙此理，所以面对强敌时，他们选择的不是一味逃避，而是迎难而上，在竞争中变得更强大。

2000年的“世界爱鸟日”的这一天，应广大市民的要求，澳大利亚一家公

园将一只在笼子里面关了4年的秃鹰放归了大自然。三天之后，当那些爱鸟者们还沉浸在自己的善举中，津津乐道时，不好的消息传来了，一位游客在离公园不远的一片树林里捡到了秃鹰的尸体。解剖后，发现这只秃鹰是饿死的。

这就奇怪了，按道理说秃鹰生性强悍，甚至可以和美洲豹争抢食物，怎么会饿死呢？后来人们才知道，这只秃鹰在笼子里生活了太久，没有天敌也不愁食物，所以它已经忘了捕食的本领了。

无独有偶，一位专门研究动物的专家在研究南美洲大草原奥兰治河两岸的羚羊群之后，发现东岸羚羊群的繁殖能力明显比西岸的羚羊群强，奔跑速度也比西岸的羚羊群每分钟快13米。但令人不解的是，这两边的羚羊品种和生存环境基本上是一样的，那这么大的差距是怎么来的呢？

为了弄清这个问题，专家在东西两岸各抓了10只羚羊，然后交换生活了一年。一年后，运到东岸的羚羊从10只繁殖到了14只，而运到西岸的羚羊则变得懒惰安逸，最后体弱多病，已经只剩下3只了。

最后专家得出结论：东岸的羚羊之所以更强健并不是品种的原因，而是因为在它们附近生活着狼群；而西岸的羚羊群之所以弱小，正是因为它们少了这一天敌。

没有天敌的动物往往是最先灭绝的，有天敌的动物会逐渐壮大。大自然的这一法则在人类社会中也同样存在。“敌人”的力量会让一个人爆发出预想不到的潜力，创造出前所未有的成绩。

人生点睛

生活中，经常能见到有人在诅咒“敌人”，希望“敌人”从此消失了才好。但是仔细想想正是因为有了这个强劲的“敌人”，你才一刻都不敢松懈，每天勤勤恳恳，不断进步，不断让自己变得更强大。如果“敌人”没有了，那么压力也就随之消失了，没有压力，人就没有动力，就会像盘散沙，又谈何成功呢？

绝境能造就强者，也能吞噬弱者

不经历风雨怎么见彩虹，面对生活中的困境和挫折，我们不仅要勇敢面对，努力地解决问题，更需要理智和冷静，遇到事情能屈能伸，学会微笑和坦然面对人生，如此才能真的跨过这些坎，获得事业上的胜利、创造辉煌的人生。如果我们选择逃避，或是以消极怠惰的态度面对人生，那么最终只会是意志渐渐被磨灭，而成功也离我们越来越遥远。

就像巴尔扎克曾说的："世界上的事情永远不是绝对的，结果完全因人而异。苦难对于天才是一块垫脚石，对于能干的人是一笔财富，对于弱者是一个万丈深渊。绝境能造就强者，也能吞噬弱者。"生活中很多事情的确是这样，事情的结果都不是绝对的，关键还是取决于人，意志坚强的人即使身处绝境，也会使自己绝处逢生。

从前，有个进京赶考归来的书生不小心掉进了一个崖底下，这时恰好有个赶路的商人看到了他，于是赶紧跑过去救他，但是无奈两人力量悬殊，不但没救出崖底下的人，还把自己搭了进去，也掉下了悬崖。他们都害怕极了，不停地在崖底下哀叫，但是崖太深了，上面的人根本听不到他们的呼救声。

屋漏偏逢连阴雨，这时天上忽然刮起大风，刮得崖顶上的石头不断地往下落。眼看着大石块就要砸到自己，两人更加惊慌了，尤其是书生，本来身子就弱，再加上考试失败，现在又沦落到这般境遇，心情更是昏暗了，干脆坐在那，等着命运的裁决。但是商人却不这样，虽然他也觉得活下来的希望渺茫，但仍在继续躲避。这是他发现这些掉下来的石头堆起来说不定可以帮助自己爬上去，所以他一边努力躲着砸下来的石头，一边踩着较大的石头往上爬，就这样一点一点，终于在慢慢接近地面的时候，有人听到了他的呼救声，找人把他救了起来。等他和别人再去救书生时，才发现书生已经被砸死了。

新东方的创始人俞敏洪曾说："生活中其实没有绝境，绝境在于你自己的心没有打开。你把自己的心封闭起来，使它陷于一片黑暗，你的生活怎么可能有光明！封闭的心，如同没有窗户的房间，你会处在永恒的黑暗中。但实际上

四周只是一层纸，一捅就破，外面则是一片光辉灿烂的天空。”

没有哪个人的一生是一帆风顺的，都不可避免地会遇到无数的挫折与困难。而有些人之所以能成为成功者，都是因为他们克服困难与挫折，从困境中走出来了。考验我们意志是否坚强的一个重要标准就是能否勇敢面对生活中的挫折，要记住成功历来只青睐那些即使面对绝境也绝不屈服、绝不放弃的人。不管事情多么艰难，都要坚信，只要不放弃，坚持下去，就能看到希望、看到转机，这世界上，从来都没有真正的绝境，有的只是绝望的思维，只要心灵不曾干涸，再深的悬崖也能绝处逢生。

人生点睛

在困顿、苦难面前，一味哭丧着脸，除了消磨掉自己的锐气外，是不会赚到任何同情的眼泪的，反而还会让自己被苦难压倒，只剩绝望。但是如果我们能把困难当作磨炼，想办法跨过这道坎，那我们就能在绝望中找到希望。

不要太把自己当回事

很多人都对别人说过：“别太把自己当回事。”但是自己真正做到的却很少。其实很多时候，我们之所以觉得烦恼都是因为我们有颗骄傲自大的心。而一个骄傲自大的人，所做的一切都是以自我为中心的，他希望一切都在自己的掌控中，希望所有人都围着他转。

事实证明，现在是一个公平公正的年代，每个人都是独立自由的个体，没有谁天生有义务必须围着谁转，所以一个人太骄傲，太把自己当回事，是注定得不到别人的尊重的。其实真正有内涵有魄力的人是不会在意是不是凌驾于他人之上的，但是他们反而能凭着自己的实力和智慧赢得别人的尊重和称道。

一天在一个又脏又乱的候车室里，靠门的座位上坐着一个满脸皱纹的老者，从他身上的尘土和鞋子上的污泥可以看出他已经走了不少的路了。列车进站，候车室里的人鱼贯而出，老人也不紧不慢地跟在队伍后面，准备上车。这

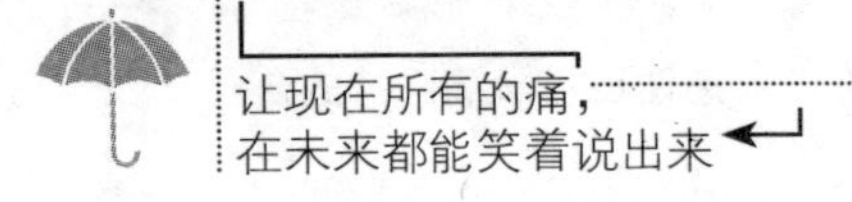

时候车室来了一位手里拖着大行李箱的胖太太，她也要赶这趟车。或许是箱子太重的缘故，她累得气喘吁吁的。胖太太看到了那个老人，便招呼道："嘿，老头儿，你给我提一下箱子，上车了我给你小费。"那个老人什么都没说，接过胖太太的箱子就朝着检票口走去。

他们刚挤上车，火车就开动了。胖太太擦了擦脸上的汗，很庆幸地说："老头儿，多亏了你，不然我肯定搬不上来。"说着胖太太从口袋里掏出一美元递给老人做小费，老人微笑着接过了。这时列车长走过来了，他来到老人面前，微笑着说："洛克菲勒先生，您好，欢迎乘坐本次列车，请问有什么可以为您服务的吗？"

"谢谢，不用了，我只是刚刚做了一个为期三天的徒步旅行，现在我要回纽约总部。"老人客气地答道。

"什么？你是洛克菲勒先生？"胖太太惊呼道，"天哪，我竟然让石油大王洛克菲勒先生帮我拎箱子，我还给了他一美元的小费，我这是在做什么呀？！"胖太太十分懊恼，并诚惶诚恐地请洛克菲勒先生不要计较，把那一美元还给她。

"太太，您并没有做错什么，为什么要道歉呢。"洛克菲勒微笑着说，"这一美元是我的劳动所得，所以我就收下了。"说完洛克菲勒便把那一美元放在了口袋里。

太把自己当回事的人都是比较自负的人，他们怀揣梦想，只相信自己的理论，不愿接受别人的意见，但是他们的固执恰恰证明了他们骨子里的自卑和空虚。而真正的大人物从不会固执己见，他们即使做了很不平凡的事，却还能和平凡的人一样生活。就像石油大王洛克菲勒，虽然他家财万贯，但是他依然很乐意帮别人提行李，因为这在他看来只是力所能及的事，并不会对自己有损。

没有人是十全十美的，每个人都会有这样那样的缺点和不足，所以千万不要以为自己是这个世界上不可或缺的。事实上我们每个人都只是这个世界上很渺小的存在，地球离了谁都会照样转动，所以做人做事还是要有一颗平常心，凡事把自己看得太重，太把自己当回事，只会招致他人的不满和唾弃，终究是不会有好结果的。

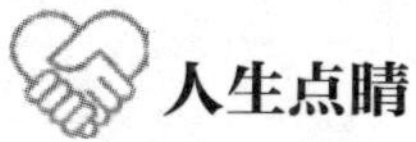

人生点睛

山外有山、人外有人，尤其是对刚步入社会的年轻人来说，多吃点苦，多学点东西总是没错的。要时刻记住，你们还处于原始积累的阶段，多向别人学习才是最重要的，太把自己当回事终究是要吃大亏的。

慢吞吞的蜗牛也能成功

有人曾说：能够到达金字塔顶端的动物只有两种，一种是苍鹰，一种是蜗牛。苍鹰之所以能够做到是因为它们拥有傲人的翅膀；而慢吞吞的蜗牛能够爬上去就是认准了自己的方向，一直在为这个方向专注和坚持，不为道路上的小风景停留下来，它们要的就是最高的位置，看到最好的风景！

蜗牛，是所有动物中走得最慢的，也是在墙角、草丛、乱石中最常见的一种动物，但它们同时也是最值得人们学习的一种动物。因为蜗牛自知自己走得很慢，却能够勇往直前，而不放弃。无论前面路有多坎坷，依旧前行，永不气馁，永不放弃，这就是“蜗牛精神”。

很早以前，碧蓝的天空下有一片寂静的森林，林中住着一只蜗牛、两只黄鹂鸟和智象，它们一起享受着树林繁叶的绿荫和林中飘溢出的阵阵花香。黄鹂鸟唱着歌儿在树梢上快乐地时起时落，蜗牛则在地上寻找温暖的阳光，地上留下蜗牛行行白色的脚印，智象在自家门前的葡萄树下快乐地吃着西瓜。

蜗牛虽然长有一对薄薄的蝉翼般的翅膀，但却无法承载起沉重的外壳飞向树梢。一天，蜗牛突发奇想，要爬上树梢，去品味葡萄的美味。蜗牛背着重重的壳，沿着刚发芽的葡萄树一步一步往上爬，而黄鹂鸟却在一旁讥笑它，智象心中也充满了疑问。黄鹂鸟：哈哈，葡萄成熟还早得很哪，现在上来干什么？蜗牛：阿黄，你不要笑，等我爬上它就成熟了。蜗牛努力朝着树梢爬去，爬起、跌落、再爬起、再跌落……经过无数次的爬起跌落和智象无数次的呐喊和鼓励，蜗牛终于爬上树枝，尝到了美味的葡萄，并且摘了一串回报智象。此时黄鹂鸟在身后为它歌唱……

不为小风景而忘记自己的梦想，不因挫折而停下前行的脚步，一切都是为了金字塔顶端那最美丽的风景。这是对理想的专注和坚持。

海伦·凯勒双目失明、两耳失聪，却努力地从一个让人同情默默无闻的小女孩变成让全世界尊敬的女强人。如果生活真的不公平，那么，生活对她的不公平可谓到了极致。她完全可以放弃她的梦想躲在阴暗的角落里放声痛哭，没有人会责怪她，她也完全可以躺在床上或坐在轮椅上，像一个植物人一样由人服侍。可是这一切，她都没有做，她只是吃力地在老师的帮助下学习盲语，触摸着事物，仅仅凭着她永不言弃的信念和坚持不懈的意志。她把她理想的天空涂上了人生最亮的色彩。

没有人天生就是成功者。我们同样都经历相似的生活、工作、享受快乐、坎坷挫折、人生的彼岸。蜗牛脆弱矮小的身体上默默地背着重重的行囊，而朝着太阳升起的方向一直前行，它从未改变过方向，从未因为阻碍而停止前行。

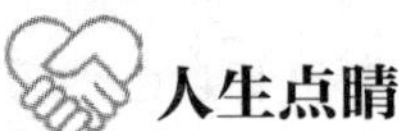

人生点睛

“蜗牛精神”不仅仅启示我们坚持、永不放弃，更重要的是心中的“信念”，只有坚信内心中的那一个最为坚定的信念，便会战胜一切，成为成功者。

坚持下去，这就是你的资本

今天很残酷，明天更残酷，但是美好的后天即将到来，然而，大多数的人却都死在了明天的晚上，无缘得见后天的朝阳。遇到一点压力就将自己打击得一败涂地，遭遇一点不确定因素就说自己的前途一片迷茫，遇见一点不开心的事就感觉自己这辈子都只有黑暗之时，大都只是因为不想拼搏努力而为放弃寻找的最差劲的理由。

我们之所以失败，有时候与能力并无关联，而是因为遭遇困境之时缺乏韧

性，我们最大的短板就是不能坚持。成功者并不是所有的都是卓尔不凡，而是他们坚信笨鸟先飞，勤能补拙，只要坚持过来了，早晚能够揭开成功的神秘面纱。面对挫折，有些人只会发牢骚，有些人对其嘲弄一番之后再无后续，但是也有一些人，敢于向困难发出挑战，即便不被身边的人看好，但是凭着龙潭虎穴偏要闯的劲头，凭借自己的韧劲开凿出一点点的光亮，这就是一种了不起。

安徒生在很小的时候，当鞋匠的父亲就去世了，留下他们孤苦无依的母子二人过着贫困的生活。有一天，他和一群小孩得获殊荣去皇宫参见王子殿下，请求王子的赏赐。他怀揣希望，努力地练习唱歌、朗读剧本，希望能够在王子面前表现一番并得到赞美。表演结束后，王子和蔼地问他："有什么我可以帮你的吗？"

安徒生满怀自信地回答说："我想写剧本，并在皇家剧院演出。"王子闻言，将眼前这个长着小丑般鼻子、一双眼睛充满了忧郁的小男孩从头到脚打量一遍，然后对他说："背诵剧本是一回事，写剧本跟它完全是两个概念，你还是去学一项有用的手艺比较好！"

回到家后，怀揣梦想的安徒生并没有因为王子的话而去学习养家的手艺，而是将自己的存钱罐打破，然后跟妈妈告别，去了哥本哈根找寻梦想。他流浪在哥本哈根的街头，所有哥本哈根的贵族家门都被他敲响过，但并没有一个人理睬过他，但是他并没有放弃。他一直坚持着创作，他的写作包括了爱情小说和史诗，但是却没有得到任何的关注，虽然感到很苦恼，但他依然坚持着自己的梦想。

1825年，安徒生随手写了几篇童话故事，却出人意料地得到了好评，儿童们争相阅读，还有很多的读者期盼着他能够发表新作品，这一年，是安徒生的而立之年。时至今日，他的《丑小鸭》《国王的新衣》等作品依然陪伴着世界各地的儿童快乐地成长。

通常，很多的人都跟安徒生一样，并没有机会和舞台去施展自己的抱负。此时，有些人对此听天由命，既然上天不给机会，那便是自己太过平凡。也许安徒生也是如此，但他与众不同的是，他坚守了自己的梦想，他花了50年的时光来坚持自己的那份执着。聪明如你，不论遭遇怎样的挫折，都不可向其屈

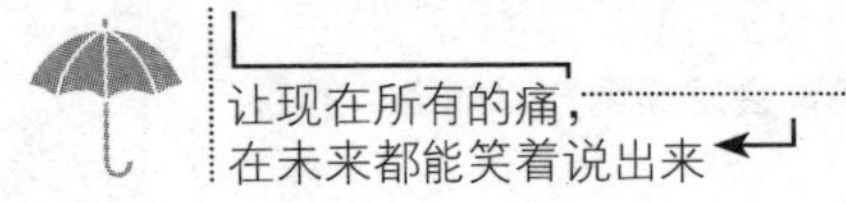

服，要坚持。沙地即便干燥而贫瘠，但是绿色的仙人掌依然能够在上面挺直身躯，开出绚烂花朵。

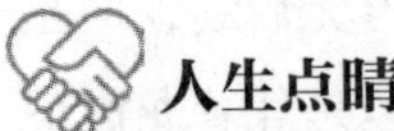

人生点睛

其实没有人不知道坚持对成功者的意义，但是真正做到十几年如一日地坚持的人却只有极少数。的确坚持是一件不简单的事情，尤其是为一件看不到结果的目标忙碌的时候。这其实就是我们通常所说的“瓶颈”期，这时我们不妨先静下来，把目标细化，这样每完成一个小目标，便又给自己多增加了一些信心，坚持下去也就更有动力了。

挫折是上帝对我们的恩赐

生活中存在挫折，就像大自然会刮风下雨一样，是任谁都无法逃避的事情。有的人遇到风雨，很轻易就被击垮了；遇到挫折，很容易就被征服了；遇到困难，很容易就被吓倒了，人生也因此变得昏暗了。而有的人，在接受了风雨的洗礼，经历了挫折的磨炼，战败了困难的挑战之后，人生一片光明。

挫折既是我们成功路上的挑战，也是上帝给我们的恩赐，面对挫折，我们最好的应对方法便是坦然面对，珍惜这些让自己历练的机会，把挫折视为人生路上前进的动力。尤其是对刚步入社会的年轻人来说，更要学会积极地面对挫折。只有认识到挫折对人生的意义，勇敢地、积极地面对挫折，才能在挫折中不断磨炼自己，发掘生命的金矿，变得更加自信、诚实、勇敢，从而找到人生的方向。

被后人称为“交响乐之王”的世界上最伟大的音乐家贝多芬，一生创作出了无数流传千古的交响乐。但贝多芬的一生并不顺遂，甚至可以说是充满了坎坷：因为父亲的酗酒和母亲的早逝，贝多芬的童年很不幸。当跟他同龄的孩子还在父母身边无忧无虑地撒娇的时候，他就已经像大人一样承担起整个家庭的重任，不得不为了生计而出去干活了。

但是即使这样，上帝似乎也丝毫没有要眷顾他，二十六岁，正是风华正茂年纪的贝多芬正一点一点失去他的听力，这对当时正步入创造力鼎盛期的贝多芬来说，简直是一记重击。贝多芬一生中几次濒于崩溃的境地，但他从没屈服过，即使是在困难重重最痛苦的时候，他还是凭着自己的坚强斗志完成了清明恬静但又激昂奋斗的《第二交响曲》，战胜了命运的打击。

和常人相比，贝多芬一生遭遇的挫折和打击不计其数，但是他都没有被打败，即使是失去听力，也没让他放弃对音乐的热爱，反而创作出了更多永垂不朽的名曲。可见遇到挫折时，把它当作上帝对自己的赏赐，乐观积极地对待挫折，不仅可以让我们的人生更顺利，还能推着我们不断向前努力。

古人云："天将降大任于是人也，必先苦其心志、劳其筋骨、饿其体肤。"我们心里充满阳光，那么我们看到的世界也是充满阳光的；心里住着魔鬼，遇到的也会是魔鬼。每个人的一生中，遇到困难和挫折，都是在所难免的事。对此，作为年轻人，绝不能选择逃避或被打倒，而应用一种积极、乐观的心态来面对，并采取恰当的方法来克服挫折，最后用理智、客观的态度分析产生挫折的原因。

不经历风雨是看不到彩虹的。人生也是这样，不经历风雨的洗礼，不经历挫折的磨炼，不战败困难的挑战，是品味不出幸福生活的真正含义的，人只有经过挫折的锤炼，人才会珍惜得到的收获。

没有爬不上去的高山，也没有蹚不过去的河流，就像人生没有过不去的坎，只要你勇敢面对，积极想办法解决，并不断在失败中获得经验，总有一天你会走出风雨和黑暗，遇见彩虹、拥抱阳光。感谢挫折，生活因此而丰富，人生的体验因此而深刻，生命也因此而更趋完美。

人生点睛

没有谁的一生是一帆风顺的，不管是谁都难免会有失误、会有烦恼、会遇到挫折，只有我们经历挫折，我们才能学着成长，只有挫折才能磨炼我们的意志，面对挫折，我们要以积极乐观的态度，把挫折当成一笔财富，勇敢地正视它。

刀要石磨，人要事磨

人生就像战场，如果遭遇挫折就心生气馁，让自己打了退堂鼓，那么怎么成就大事呢？很多人最后之所以没有成功，不是他们能力不足、没有诚心或者淡却了对成功的渴望，而是他们没有足够的恒心。这些人做事情常常有始无终、虎头蛇尾，做事的过程也是敷衍应付、草草了事。对于眼下的行动他们总是没有信心，永远活在犹豫不决中。没有哪个优柔寡断，做事迟疑不决的人能够获得成功。坚忍的人都会依赖自己倔强的品质抵御人生一切逆境，人如果缺乏了这种坚忍性格，则很难获得成功。一个人若想脱离困境，成就一番大事业，就必须依靠坚忍的品格与超强的意志力来支撑自己。

一个人若想成事，最重要的就是“坚忍”，不管做什么事，只要一直努力，始终往前看，坚持在前进目标的道路上矢志不移才有可能获得成功。顽强和坚忍，是行动的基础，是一个人迈向成功的极为重要的心理素质。面对各种逆境，我们应该努力磨炼自己的意志，时常提醒自己要坚持住，不忘初心。有志向的人都不想屈居下游，而坚忍就没有做不好的事情，坚持之下，金石也会为之所开。

美国盲聋女作家、教育家海伦·凯勒从一岁半起就因为生病失去了听觉和视觉，对于一般人来说，这是无法想象也无法忍受的痛苦，但是海伦并没有对命运屈服。在她的老师悉心教育、帮助下，她凭借自己坚强的意志力战胜了缺陷，学会了讲话，并且可以用手指听懂“听话”，掌握5种文字。24岁的时候，海伦以优异的成绩从著名的哈佛大学拉德克利夫女子学院毕业了。此后她将自己毕生的精力都投入为全世界盲聋之人谋取利益的事业中来，曾经受到多国政府、人民的称赞与嘉奖。1959年，联合国曾经发起了“海伦·凯勒”运动。她的自传作品《我生活的故事》，也成为英语文学的经典之作，被翻译成多国语言在全世界发行。

西晋文学家左思少年时期在读了张衡的《两京赋》后深受启发，决定以后撰写一部《三都赋》。陆机听到后忍不住嘲笑起来，说左思这种粗鄙之人，竟

然想着作《三都赋》这种鸿篇巨著，真是痴人说梦；就算费劲写成了，也一定没有什么价值，只不过是用来盖酒坛子罢了。面对如此羞辱，左思并没有沮丧放弃。他听说张载曾经游历岷、邛(今四川)，就多次上门求教，以熟悉两地的山川、物产、风俗。左思广泛地调查了解，搜集大量的资料，然后一心一意，奋笔写作。他的房间中、篱笆旁、厕所里四处都放着纸和笔，只要灵光一闪想到的好句子就随手记录下来，并且反复地修改。呕心沥血坚持十年，左思终于完成《三都赋》。陆机在惊讶之余，佩服得五体投地，甘拜下风。

一个人的成功，智力因素虽然重要，但是坚忍不拔的性格对于他的成功而言更加重要，毅力能够创造奇迹，可以化腐朽为神奇。是否具备顽强的毅力，是一个人能否够登上成功之顶的决定性因素。最后摘取到成功果实的人让人羡慕，但是更多人却摔倒在毅力面前。那些具有坚忍性格的人是无敌的，这些人做事情专心致志，永不言弃，不屈不挠，不达目的誓不罢休。拥有坚忍心性的人，不管做什么都会成功，因为他们从不轻易放弃。百折不挠、永不屈服的精神才是获得成功的保障。

人生点睛

通达梦想彼岸的过程常常是艰辛的，所以我们很多时候，更需要的是坚忍。没有谁的成功是随随便便达成的，只有经历了挫折与困难的洗礼，人才能真正地成熟，真正迈向成功。

第14章 胸怀温暖宽广，积极向上不为人生设限

宽容体现的是一个人的素养和气度，长期把自己的关注点放在一些无谓的琐事上面除了浪费自己的时间，对自己的成长并没有什么益处。一个人只有宽厚待人、心胸开阔，才能收服人心，增添人格魅力。人生在世，最重要的是积极面对生活，多做一些对自己有意义的事，这样才无愧于我们的生活。

生命的奖赏从来不在起点

生命的奖赏从来就不在起点，它远在旅途的终点。我们在生活中，遇到挫折和逆境都是在所难免的。目光长远的人，往往不会在意这一时半会儿的得失，因为他们很清楚地明白，人生就是一场马拉松比赛，开始跑得快的人，不一定能最快到达重点，只有坚持到最后的人才能获得真正的胜利。而目光短浅的人则常常为了这一时的失败、挫折而忧心忡忡、喜欢自己吓自己，这样的人，在面对命运的挑战时，又怎能有一个良好的心态去迎接呢?

只看眼前利益的人，一遇到困难和挫折就会变得忐忑不安，很容易被打败，但是想要成功，就必须坚持不懈，这是成功唯一的秘诀。试想一下，遇到困难就放弃，还怎么能成功呢?

北宋著名诗人苏轼在《晁错论》中写道：“古之成大事者不惟有超世之才，亦必有坚忍不拔之志。”说的正是人想要成大事，除了有才华和天赋，还必须有坚忍不拔的意志。

英国著名作家、文学批评家约翰生也说过：“成大事不在于力量的大小，而在于能坚持多久。”

你自己首先是相信自己的，才会获得别人的信任；你自己不轻言放弃，就不会被任何事情大败。

1832年，林肯失业，这对他来说是不小的打击，不过他很快振作起来，并下定决定，要当州议员，但是很遗憾的是竞选失败了。就这样，林肯一年时间里遭受了两次重大的打击。

1833年，林肯决定自己创办企业，但是一年都还不到，企业就倒闭了。此后，他花了17年的时间才还清债务。

1835年，林肯与未婚妻订婚，但是未婚妻在距结婚还有几个月的时候，不幸去世了，林肯的精神受到重创，卧床好几个月，甚至还患了精神衰弱症。

1838年，林肯觉得自己身体好转，决定重新竞选州议会议长，但还是没有成功。

1843年，林肯参加竞选美国国会议员，但这次依然失败了。但是他并没有放弃，1846年，他再一次决定参加竞选州议员，这次他成功了。1848年，林肯两年任期结束，他决定争取连任，但是遗憾落选。1849年自荐本州土地局长一职，遭拒。1854年竞选参议员，落选。1856年争取副总统提名，得票不到100张。1858年再度竞选参议员，再次失败。1860年一举当选美国总统，时年51岁。

看看这位美国最伟大总统的一生，充满失败和遗憾，但是他坚定的信念并没有因为屡次的失败而有丝毫的动摇。他从没想过要放弃努力，而是不断用这些失败和挫折不断激励和鞭策自己，最后迎来了辉煌的人生。

古代著名学者荀子说过："不积跬步，无以至千里；不积小流，无以成江海。"

年轻人，生命的奖赏从来就不在起点附近，而是远在人生的终点。在向这个目标靠近的时候，我们会遇到很多挫折和困难，即使是踏上第一千步的时候，依旧可能遭遇失败。但成功往往就藏在拐角后面，如果再前进一步没有看到目标，就再向前一步。很多时候，成功与失败的差别就在于你有没有多走那一步。

人生点睛

羡慕别人拥有的鲜花和掌声，就必须看到他们在背后付出的努力和汗水。成功是一个很漫长的过程，途中你必须忍受寂寞，认真努力，坚持付出才行。没有是刚创业就收获成功的，只有付出努力，打败挫折，才能得到上天的奖赏。

在吃亏中不断长大和成熟

要想成就一番事业，就要把目光放长远，不能只着眼于眼前的利益。不斤斤计较眼前的这一点得失和小利益，把“吃亏是福”作为自己的处世准则，才能在吃亏中逐渐地长大和成熟。

“吃亏是福”是耳熟能详的道理，真正做起来并没有那么容易。因为大多数人更相信“好汉不吃眼前亏”“识时务者为俊杰”。所以，很多人目光短浅，常常为了眼前的这点蝇头小利而不愿吃眼前亏的，那就更别提把吃亏当成一种福气了。

也许会有人提出质疑，“吃亏”真的是福吗？当然是福，仔细想想，眼前的蝇头小利和长远的利益相比，孰轻孰重，答案很明显。所以那些放弃了眼前利益的人看起来好像吃了一点点亏，但是从长远来看，他们得到了人心，赢得了信任，这才是真正的福气。

布鲁克出生在奥地利一个十分偏远的村庄里，在她还很小的时候，母亲就去世了。后来父亲又因工受伤，整个家庭的生活重担一下子全落在了布鲁克的肩上。为了一家人能活下去，布鲁克在路边摆了个修鞋的摊子，靠帮别人修鞋维持生计。

一天，修鞋摊前来了一位顾客，顾客拿着一双鞋底坏掉的鞋，让布鲁克帮忙修理，只见布鲁克动作十分娴熟地把鞋底修好，交给顾客之前，布鲁克把鞋也顺便擦干净了。顾客十分感动，说：“小师傅，我从未见过你这么负责的修鞋师傅，不但帮我把鞋修好了，还把我的鞋擦得跟新的一样，真的很感谢你！”但是附近的同行却很不解，窃窃私语：“这个布鲁克真是个服务过了头的傻瓜，顾客只给了他修鞋的钱，他却费时间把皮鞋擦得这么干净，这有什么用呢！”不过布鲁克并不介意别人对自己的看法，他认为既然自己选择了这个工作，就要尽心尽力，只有这样，挣顾客的钱才能挣得心安理得。

很快布鲁克肯替人着想、愿意吃亏的性格就在附近传了开来，拿鞋子到布

鲁克那里去修的人越来越多，后来这一现象引起了附近一家皮鞋厂的总经理的注意，经理雇用布鲁克到他的工厂工作，专门负责修理有瑕疵的皮鞋。

一晃很多年过去了，当年那些嘲笑布鲁克的人依然还在街头摆摊修鞋，而布鲁克却已经是皮鞋厂的总经理了。

很多时候，“吃亏”其实是指物质上的损失，假如一个人能用外在的吃亏换来内心的平静，那无疑获得了人生的幸福。人其实是一个很有趣的平衡系统。有时你虽然看着好像在物质上吃了亏，但却换取了精神上的超额快乐。也有时，你看起来占了小便宜，却同时在不知不觉中透支了精神的快乐。

吃亏是福，布鲁克不惧吃亏，坚持用心对待顾客，结果他成功了。吃亏是福关键在于心，在于不计较小小得失，只有从生活中、从为人处事中，总结经验，并有所改善，才是真正的智者。

人生点睛

虽说吃亏是福，但也不是什么亏都能吃，这里所谓的吃亏其实是指不占小便宜，不为了一棵树放弃整片森林。如果别人损害自己原则上的事情，那我们就不能避开，而是要站出来，坚持自己的原则。

没有宽恕，就没有未来

什么是宽恕？马克·吐温曾经说过：“紫罗兰把它的香气留在那踩扁了它的马蹄上，这就是宽恕！”日常生活中，宽恕并不是难办的事，它就在我们身边。下楼梯时，被人冲撞，撞掉了手里的东西，别人说一句“对不起！”你微笑地回一句“没关系！”这便是宽恕。而当你有了一颗博大仁爱的心，你的人生也会变得快乐而又轻松。

哲学家康德说：“生气，是拿别人的错误惩罚自己。”的确是这样，如果人不懂得宽恕别人，整日算着自己的损失，对别人的错耿耿于怀，那么就很难开心了。反而是那些懂得宽恕别人的人，心中不会有仇恨的负担，朋友也会更

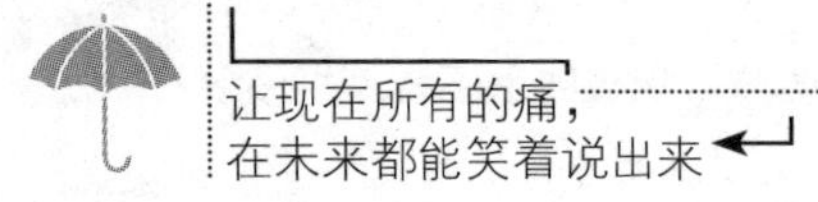

多，这样快乐自然也就多了。

一位漂亮的女孩年前不幸遭遇车祸，失去了双腿，成了残疾人。年后，她的丈夫在她还未痊愈的时候便离开了她。当周围的人都以为她会恨死那个负心汉，从此对生活失去信心时，她却很多让人大跌眼镜，不仅割断了所有与前夫的联系，而且每天积极参加复健，过得挺不错。其实女孩并不是心中没有怨，只是她知道，没完没了的怨恨并不能解决什么，所以她选择了宽容，让往事都随风远去，也让自己更轻松些。

宽恕，说起来容易，做起来却没有那么简单，尤其是我们所要宽恕的事，往往都是一些让我们生气和愤懑的事，但是仇恨和愤懑从来就不会带来平衡和公正，它只会蒙住人的眼睛，使人陷入越来越痛苦的精神炼狱中难以自拔。唯有宽恕能让人化干戈为玉帛，真正做到心里清净。

战国时候，赵国的蔺相如因为“完璧归赵”一事，立了大功，赵王大悦，封他做了大夫。后来蔺相如又在渑池会上，护住了赵王的颜面，被赵王封了上卿，地位在廉颇之上。

廉颇为此很不高兴，心里也很不服，他对别人说：“我廉颇上阵杀敌，立了无数战功。他蔺相如除了一张会说话的嘴，还有什么能耐，现在反倒爬到我头上去了，要是让我碰到他了，非得让他吃点苦头不可！”这话被人传到了蔺相如那里，蔺相如于是请病假不上朝，避免跟廉颇正面相对。

一天，蔺相如坐着马车出门，走到街上，正好廉颇骑着高头大马迎面走来。蔺相如见了，命人赶紧掉头，免得撞见了生事。蔺相如的侍卫看不过去了，忍不住问道：“大人见了廉颇将军，就跟老鼠见了猫似的，大人又没做错什么，为什么要怕他呢？”

蔺相如听了之后，问他：“秦王和廉颇将军，哪个厉害？”

“当然是秦王了。”

“我连秦王都不怕，又怎么会怕廉颇将军呢？但是大家也知道，秦王之所以不攻打我们赵国，就是因为赵国武有廉颇、文有蔺相如，如果这个时候我和廉颇将军斗起来了，只会削弱赵国的实力，那岂不是白白给了秦王机会吗？我之所以避着廉颇将军，其实是为了我们赵国着想啊！”

后来这话传到了廉颇耳中，廉颇终于意识到自己为了出一口气，就置国家安危于不顾，是多么狭隘。于是脱下战袍，背上荆条，亲自到蔺相如府上请罪。蔺相如见廉颇亲自登门请罪，赶紧上前迎接，两人冰释前嫌。

试想一下，如果蔺相如是一个小气之人，不能宽容廉颇的挑衅，而是迎面而上，与他对立，对当时的赵国会是什么结果？

宽恕是盛开在心灵的花朵，是我们与他人交往时最好的方式，不苛求、不责怨，既是给别人机会，也是给自己一个机会。圣雄甘地说得好："要是大家都把'以牙还牙、以眼还眼'当作人生法则，那么整个世界早就乱作一团了。"确实是这样，人与人交往，难免会有被人误解和不满的时候，一味地生气只会让事情变得更糟，反而是学会宽恕，更能让人心情平静。

人生点睛

宽恕别人其实也是放过自己，一直对别人所犯下的错误斤斤计较，一方面不利于问题的解决；另一方面其实也让自己不好过，既浪费了自己的时间和精力，又让自己受了一肚子气，得不偿失。

从容应对生活中的挫折

从容，即舒缓、朴素、大度、平和之总和。从容既不是淡漠也不是激愤，它是有力量的。它可以使人站在一个更高的角度去看生活，而不被生活愚弄，被挫折打倒。从容之人，做人做事都井然有序，你从不会见他们有慌张、急躁的时候。即使是面对外界的诽谤和误解，他们也能不愠不怒，淡然处之。看似内心平静，但内心其实有一股强大的正能量，使他们能平静处理好一切。

在社会中生活，不可测的事情太多了，如果事事计较，都非得争个赢面，显然是很不理智的，对与人交往也是没有任何好处的。都说命运掌握在自己的手中，遇到你无法改变或为之困扰的，以乐观的心态去看待，你是不会有损失的。从容面对生活中遇到的各种困难与挫折，保持平和的心态，你会发现许多你以为很困难的事情解决起来其实也不算什么。

日本有个法号白隐的禅师，他生活中就是一个十分从容、淡定的人，不管遇到怎样的非难，他都能从容应对。

白隐禅师所在的禅寺附近住着一户人家，家里面除了一对夫妇外，还有一个女儿。一天，这对夫妇觉得女儿不对劲，几番询问之下才知道原来女儿怀孕了。他们俩既震惊又生气，在他们的一再逼问下，女儿终于说出了“白隐”两个字。

夫妇俩气势汹汹地跑到禅寺，要问个清楚。这位大师并没有否认，只是很平静地说：“是这样吗？”孩子生下来后，夫妇俩把孩子送到了白隐那，尽管这时他已经因为这件事名誉扫地，但是他并没有任何怨言，而是很平静地接受了这个无辜的孩子，而且照顾得很细心。

为了养活这个孩子，白隐只能到邻居们那里乞求婴儿的奶水和日常用品。虽然受尽了邻居的白眼，但他并不生气，就好像他只是受别人托付在照顾这个孩子一样。

转眼一年过去了，这位孩子的妈妈，实在不忍心再这样隐瞒下去，便哭着跟父母说明了事情的真相。夫妇俩很震惊也很内疚，赶紧拿着礼物去禅寺赔礼道歉。但是白隐依旧什么也没说，只是很平静地把孩子交给他们，说：“是这样吗？”仿佛什么都不曾发生过，即使有，也都随风而逝，不算什么了。

虽然白隐为了给这位未婚的妈妈生存的机会和空间，为她受过，牺牲了洗刷自己清白的机会，受尽了左邻右舍的嘲讽。但是他对待这件事情，始终很从容，一句“是这样吗？”将他的良好修养和大度展露无遗，假如他没有一颗从容的心，估计早就在流言蜚语中活不下去了吧！

其实在我们的生活中，流言蜚语也是无处不在的。因为嘴巴长在别人身上，这些都是我们无法避免的。就像我们会被误解和中伤一样。在面对这些时，如果我们不能从容应对，淡然处之，那我们很可能会陷进流言的旋涡，从此一蹶不振。

每个人都是自己的主人，我们在向着自己的理想前进时，不管是遇到困难和挫折，还是鲜花和掌声，都应该从容应对。只有这样才能抵挡住诱惑，经得

起打击。只有从容才能造就恬淡的人生，只有从容的人，才能坐怀不乱，在关键时刻迸发出正能量，拥有属于自己的精彩人生！

人生点睛

挫折是成功的附属品，人生在世，要想成功，就肯定会遇到挫折，这是必然的。挫折并不可怕，可怕的是我们不敢面对挫折，面对挫折时逃避的态度，与其被挫折压着，不敢往前迈，还不如从容应对，用乐观积极的态度，努力打败它，成就自己。

别被想象中的困难压倒

很多困难，大多数都是人们空想的。不自信的人，就会把苦难夸大化地想象，“很多不可能，都只存在于人们的想象之中”。只可惜，明白这个道理的人太少了，大部分的人都习惯把困难夸大化，从而不愿意尝试，更不愿意努力，被自己心中想象的困难吓退，最终失去了成功的机会。

有天夜里，在一条偏僻而漆黑的公路上，一名年轻人的汽车抛锚了，轮胎爆了！

年轻人翻遍了自己的工具箱都没有找到千斤顶，而公路上大半天也没见一辆车经过，这该如何是好呢？他看见远处有一家亮着灯的房子，决定去房主人家借一下千斤顶。

一路上，年轻人思绪不断：如果对方也没有千斤顶该怎么办呢？如果房主人有千斤顶却不借给我又该如何是好？

想得越多年轻人越生气，于是当他敲开了那家人的房门，看到主人出来的一瞬间，就冲对方劈头盖脸吼道：你那破千斤顶有什么可稀罕的！

主人感到非常地莫名其妙，以为这个人精神不正常，就“砰”地把门关上了。

看到这个故事的一瞬间，估计所有人都会和房主人一样，觉得这个年轻人精神有问题。但是仔细回想就会发现，每个人身上都会有年轻人的影子。大部分人在做事之前，都会先预想一下事情的难度有哪些，而不是去想如果这件事完成了，自己会有怎样的成就感。事实上，很多困难都是人们自己凭空妄想的。没有自信的人，常常把困难想象得超出实际，他们先被自己心中的设想吓倒了，于是失去了很多机遇。但是那些心态积极的人会正视困难，因为他们相信，只有去做，才有成功的机会。

有名新闻记者叫琼斯，她非常害羞内向，有天上司让她采访大法官布兰代斯，琼斯惊呆了，不敢置信地说："我怎么可能做到单独采访他呢？布兰代斯根本就不认识我，又怎么会见我呢？"

当时在场的一名记者即刻给布兰代斯的办公室打了一通电话，接电话的是大法官的秘书。记者说："我是《明星报》的琼斯（一旁的琼斯十分吃惊），我奉命采访法官，不知道他今天有没有时间见我几分钟？"听到对方的回复后，他说："好的，谢谢你，1点15分，我会按时到的。"放下了电话，他对琼斯说道："我已经帮你安排好了约会。"

多年之后，琼斯依然对这件事无法忘怀，她说道："从那一刻起，我学会了单刀直入的方法，虽然做起来不容易，但是非常有用。第一次的时候努力克服自己心中的畏怯，等到下一次的时候就容易多了。"

面对眼前的困难不要恐惧，因为这困难也许并没有看上去那么可怕，就像琼斯看起来无法完成的采访一样，琼斯在心里反复问自己是不是上司搞错了，这件事的困难程度究竟是怎样的，但是最后，只需要一个电话，所有的问题都解决了，大法官并没有为难她，反而表现友好。

千万不要因困难的表面而吓倒，只要肯尝试，就会发现其实困难并没有什么了不起的。"山重水复疑无路，柳暗花明又一村"。阻止我们探索的脚步，影响我们去创造的，往往是我们内心的"巨石"。要勇敢地迈出第一步，去尝试，去探索，这才是真理诞生的过程。

人生点睛

人这一生最大的敌人不是遇到了多少挫折，失败了多少次，而是内心甘于

平淡、安于现状，不愿意直面生活中的挑战。人总是这样，一方面十分渴望过上幸福美满的生活，而另一方面又觉得前方困难重重。但很多时候，改变现状并没有想象的那么困难，真正迈出这一步之后，你会发现很多事情做起来其实很容易，有太多困难都没有自己预期的那么复杂。

不设限的人生有无穷的潜力

人生不如意，十有八九。现实生活中虽然每个人都不可避免地会遇到很多坎坷，但是每个人遇到坎坷后的结局却是大不相同的。在目光短浅的人眼里，眼前所发生的便是人生的全部；但是目光长远的人看到的却是远处亮丽的风景，所以从来不会被眼前这些暂时的挫折与坎坷所困扰。

很多人不敢去追求自己想要的生活，并不是说他们天生条件就不足，有缺陷,而是因为他们给自己设置了一个属于他们自己的“高度”，这个高度会常常在心里给他们以暗示：“我做不到，这超过了我的预期！”这也就是我们常说的“自我设限”。

一位喜欢钢琴的孩子在练习弹钢琴。钢琴上摆放的是一份全新的乐谱，这是他的妈妈为其准备的，他没有办法改变妈妈的决定，只因妈妈是一名著名的钢琴家。

他翻着乐谱喃喃自语：“超高难度……”瞬间，他感觉对弹奏钢琴的信心跌至谷底，消失殆尽。他无法理解，为何妈妈要用这样的方式来整人。他勉强支撑着，开始用十指在琴键上奋战、奋战、奋战……

相较于他的水平而言，乐谱难度略高，因此他弹得疆滞且生硬，频频出错。尽管如此，妈妈还是不断地鼓励他，“还不够成熟，明天继续好好练习！”即使听上去语调很严厉。

他整整练习了一个星期，但是在第二周上课时，令人惊讶的是妈妈又给了他一份难度更高的乐谱，“试试看吧！”之前的课程妈妈只字未提。他只能挣扎着再次挑战高难度的技巧。

第三周时，出现了更高难度的乐谱。同样的情形一直在不断地重复着，每次面临更高难度的乐谱时，无论如何都无法赶上进度，一点因为上周的练习而信手拈来的熟悉感都没有，他越来越感到沮丧、不安和气馁。

他再也无法忍受了。必须向妈妈提出质疑，为何三个月来不断地以此种方式折磨自己。

妈妈没开口，只是抽出了最早的那份乐谱，交给了他。“弹奏吧！”妈妈看着他的目光很坚定。随后发生了不可思议的事情，就连他自己都难以置信，他竟然能够把这首他认为很难的曲子弹奏得有如天籁，精湛而美妙！妈妈接着又让他试了第二堂课的乐谱，他表现得依然很棒……演奏结束后，他激动地望着妈妈，无法言喻。

“若是我放任你表现最擅长的部分，你可能还在练习着最初的那份乐谱，你就不可能有今天这般高的水平……”妈妈缓缓地说。

妈妈的话充满了哲理，每个人都习惯性地喜欢重复自己熟稔于心的事情，事实上，人有着无限的潜能，如果没有胆量挑战极限，一味地给自己设限，那么人生又如何能达到新高度？所以，切莫给自己的人生设限，每天都要大声地对自己说：我是最棒的，我一定会成功！

俗语有云：有志者自有千计万计，无志者只感千难万难。因此，每个人都不要自我设限。给自己设下了一个“心理高度”，往往是造成人们无法取得成功的主要原因之一。面对挫折和坎坷，不妨奋力一搏，为可能即将到来的成功而努力。

人生点睛

美国总统罗斯福说：“没有你的同意，没有人让你觉得你低人一等。”现实中有很多人不敢去追求成功，其实并不是他们追求不到成功，而是因为他们在心中早已为自己选择了一个“高度”。人只有不给自己设限，才能走出更广阔的天地，才能飞上更高的天空。

希望是生命的源泉

俗语说得好：笑对人生烦忧少。人类的生命是有限的，无法无限延长，如果想让有限的生命充满无限的精彩，最重要的就是看你如何珍惜。

人一生会遇见许多烦忧之事，并且源源不绝、不厌其烦来打扰你的生活。如果你微笑着乐观对待，那么就会发现，这些事并没有什么大不了，如果你排斥它，厌恶它，就会被其无限烦扰，从此感觉麻烦不断。

法国总统密特朗身患前列腺癌时，坦然面对这件事，积极治疗，直至坚持到自己的任期届满。西哈努克、里根同时也是癌症患者，但是他们并没有因为患病而影响情绪。遍布全国各地的“康复乐园”中总会活跃着一大批癌症患者，他们用自己的乐观感染彼此，在心理上相互协助，相互交流美好的人生，比心理医生更容易产生效果。就像一句罗马格言所说的：“生命就像一篇小说，不在于长，而在于美好。”活一天就要开心一天，对过去的一天不抱怨，对接下来的一天充满希望。

苏小喵是一个从小在南方小镇长大的姑娘，天生爱笑、乐观，16岁那年小喵在镇上的老街上邂逅了从北方来的大男孩虎子，虎子对苏小喵的笑容一点抵抗力也没有，两人一见钟情。小喵18岁那年，为了爱情，小喵放弃了家乡优渥的生活，跟着虎子来北方打拼。

刚到北方，小喵很不适应，常常生病，但是她爱虎子，不想因为这点小问题就这样放弃。刚开始的两年，他们过得十分艰难，最难的时候两个人一天的生活费才10块钱，虎子觉得委屈了小喵，想跟她分手，小喵说：“只要你不是不爱我了，就不要跟我说这句话。”小喵一直相信只要两人努力，希望总会到来。虎子听了她的话，很受鼓舞，不再想着这些没用的事，而是更加努力地工作。

又过了两年，虎子的工作迎来了转机，他和朋友们研究的新产品投入生产，虎子也从研究员升成了领导，一年后，虎子又和朋友成立了自己的公司，当了老板，年底虎子风光迎娶了小喵。

很多人都说是爱情让他们战胜了困难，这么说当然也不错，但其实最关键的是两人始终没有放弃希望，如果两人不相信自己，不相信他们的未来，那么他们是无法度过最艰难的那段时期的。

在复杂的社会生活中，每个人都容易遭受心灵冲击，因此谁都应该具备适应、自我调节与自我保护的心理准备。身患重病，心理上也会受到冲击，确诊了癌症，难免忧虑又痛苦。然而，每个人都有巨大的心理潜能，心理健康的人擅长使用自我心理防卫功能及时调整自己的心态，让自己尽早脱离苦闷，同时更加珍惜生命，为下一步治疗做好准备。

有一句说得好：谁人一生无磨难，善待人生少忧烦。乐观开朗多珍重，笑对人生尽天年。那么我们为何不开怀大笑着迎接无数明天的阳光呢?

人生在世，遇到困难不可怕，遇到挫折也不可怕，可怕的是对生活失去希望。希望就是力量。在很多情形下，希望的力量可能比知识的力量更强大，因为只有在有希望的背景下，知识才能被更好地利用。一个人即使一无所有，只要拥有希望，他就可能拥有一切，而一个人即使拥有一切，却不拥有希望，那就可能丧失他已经拥有的。

给人生加点正能量

常有人说：心态决定命运。这话说得其实一点也不算夸张。一个人这辈子能取得多大的成就，最关键的是什么？很多人都只看到了教育、环境、人脉、智慧等因素对人的影响，这确实不错，但如果一个人没有一颗充满正能量的心和一个积极向上的心态，那么，他是很难在人生和事业上有什么建树的。

古语云：“世上无难事，只怕有心人。”不管你做什么，只要你想成功，就必须下定决心，不怕苦、不怕累，坚持下去，而要做到这些，都需要我们有一颗充满正能量的心。只有这样，我们才能在工作中充满热情和活力，才能在

遇到困难和挫折的时候，不轻易放弃，而是积极面对。充满正能量的人在事业和生活中，一定能取得比那些消极的人更好的成绩，也会比他们更容易走向成功。

有个企业老板，周五的时候给另外一个公司的总经理发了一封邮件，邀请他到公司来洽谈合作事宜，但是直到周一下班都还没收到回复。老板觉得肯定是中间出什么问题了，便让秘书查一下是什么情况。秘书是一个十分消极的人，尤其是对工作，她一直觉得自己给老板打工十分委屈，一方面是因为觉得老板榨取了自己的剩余价值；另一方面是觉得，老板整天清清闲闲的，也没见他做什么，却可以坐豪车、住高档别墅，所以她越想心里越不平衡。时间长了，这种负能量时时在她工作中散发，所以对于老板这次的吩咐，她也懒得再去调查原因，只是凭着自己的想象向老板回复，可能是邮箱满了！最后错失了与对方公司洽谈的最佳时机，眼看着快到手的合同就这样丢了，老板一气之下，辞退了她。

和这位秘书恰好相反，还有一位秘书，她没有名校学历，只是自考本科毕业的学生，毕业后到一家外贸公司应聘经理秘书，但是进公司后，人事部给她安排的却是办公室文员的工作，具体的工作内容就是负责收发传真、复印文件。虽然她也觉得有点犹豫和憋屈，但最终还是抱着热情的态度积极地投入新工作中去了，因为她觉得自己只是一个自考的本科生，能进这个公司已经是一个来之不易的机会。正式上岗后，她工作非常认真，只要是老板安排的工作，都会准确而及时地完成，而且从没听她有过什么怨言。有一次，经理拿了一份很着急的合同让她复印，细致惯了的她习惯性地快速浏览了一遍合同的内容。经理等得不耐烦了，催促她快点，却发现她正指着一处刚发现的错误，要请示经理的意见。经理看了一眼，不看不知道，看完彻底被吓出了一身冷汗，原来是在一个重要的工程报价后面多加了一个零。她的这次细心至少为公司挽回了几百万元的损失，很快她就被经理提升为经理秘书。

都是秘书，一个被辞退，一个被提升，是什么原因导致她们完全不同的结局呢？很显然，正是心态的问题。第一个女孩，作为秘书，竟然对经理安排的事情置之不理，估计不管是谁当老板，最后都会受不了。第二个女孩则完全相反，不管工作是否是自己想要的，她都能认真、积极地对待，从内心散发出一种乐观、进取的正能量，也正是由于这种发自内心的正能量，使得她对自己分内的工作很认真，对分外的工作也能注意到细枝末节，帮助公司挽回了一大笔损失，工作也迎来了转机。

每个人身上都带有能量，但正能量却是只有积极、健康、乐观的人才有的。保持乐观、积极的健康心态，凡事多往好处想，多给周围的人带来正能量，而不是一味地陷在痛苦的沼泽里自怨自艾。正能量不仅使许多困难和坎坷迎刃而解，而且你的朋友也会因为你的温暖而更加喜欢你。始终带着正能量，用一颗温暖的心去面对人生的人，他的人生也会一直充满暖意。

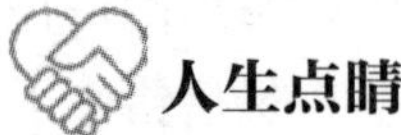

人生点睛

人生说短不短，说长也不长,我们在社会中生活，是为了去品尝生活的一场场酸甜苦辣，而不是把时间浪费在埋怨、仇恨、无知、贪恋、傲慢、冷漠等负能量上的。这些与正能量相对应的负面能量，只会侵蚀我们的生命，消耗我们的精力，占据我们的快乐。

参考文献

[1]马少荣，宿春君.感恩挫折 学会坚强:世界上最神奇的青少年挫折教育课[M].北京：石油工业出版社，2009.

[2]马银文.人生要经得起磨难[M].天津：中国商业出版社.2013.

[3]汤木.将来的你，一定会感谢现在拼命的自己[M].天津：天津人民出版社.2014.

[4]汤木.你的努力，终将成就无可替代的自己[M].南昌：百花洲文艺出版社.2015.